HARCOURT SCHOOL PUBLISHERS

¡A pensar en Matemáticas!

Práctica

Developed by Education Development Center, Inc. through National Science Foundation
Grant No. ESI-0099093

¡Visite *The Learning Site!*
www.harcourtschool.com/thinkmath

Printed in the United States of America

ISBN 13: 978-0-15-363931-9

ISBN 10: 0-15-363931-8

2 3 4 5 6 7 8 9 10 170 16 15 14 13 12 11 10 09 08

This program was funded in part through the National Science Foundation under Grant No. ESI-0099093. Any opinions, findings, and conclusions or recommendations expressed in this program are those of the authors and do not necessarily reflect the views of the National Science Foundation.

Contenido

Capítulo 1 Álgebra: Máquinas y crucigramas

Capítulo 2 Multiplicación y números grandes

Capítulo 3 Descomposición en factores y números primos

Capítulo 4 Equivalencia y comparación de fracciones

Contenido

Capítulo 5 Anotar la multiplicación con números de varios dígitos

Capítulo 6 Cuadrículas y gráficas

Capítulo 7 Decimales

Capítulo 8 Desarrollar un algoritmo de división

Capítulo 9 Atributos de figuras bidimensionales

Capítulo 10 Área y perímetro

Capítulo 11 Cálculos con fracciones

Capítulo 12 Geometría tridimensional

Contenido

Práctica

These pages provide additional practice for each lesson in the chapter. The exercises are used to reinforce the skills being taught in each lesson.

Introducción a los conceptos matemáticos de este año

1. Usa la tabla para hacer una lista organizada con todas las combinaciones posibles de monedas de 10¢, 5¢ y 1¢ que sumen **28¢**.

Monedas de 10¢	Monedas de 5¢	Monedas de 1¢

Preparación para las pruebas

2. ¿Qué combinación de monedas NO suma 49¢?

A. 4 monedas de 10¢, 1 de 5¢, 4 de 1¢

B. 3 monedas de 10¢, 3 de 5¢, 4 de 1¢

C. 2 monedas de 10¢, 5 de 5¢, 4 de 1¢

D. 1 moneda de 10¢, 4 de 5¢, 4 de 1¢

3. Sandy tiene 2 monedas de 25¢, 1 de 10¢ y 4 de 1¢. ¿Cuánto dinero tiene?

A. 39¢ **C.** 60¢

B. 59¢ **D.** 64¢

Nombre ______________________ Fecha ____________

Investigar crucigramas numéricos

Completa cada crucigrama numérico escribiendo números de modo que las cantidades que están a ambos lados de las líneas gruesas sean iguales.

1.

24	65	89
32	46	

2.

80		89
	8	
150		

3.

	140	38
	122	62

4.

20	40	50	
30		80	
70	60	10	
	190		

Preparación para las pruebas

5. John sale de su casa a las 7:30 a.m. Llega a la escuela a las 8:25 a.m. ¿Cuánto tarda en llegar a la escuela? Explica cómo hallaste la respuesta.

____

____

____

____

Nombre ______________________ Fecha ____________

Práctica
Lección 3

Investigar tablas de entrada y salida

Completa las tablas.

1

ENTRADA	6	10	4	8	12	20
Sumar 4	10					
Multiplicar por 2	20	28				48
Restar 8	12					
SALIDA DE LA MÁQUINA	12					

2

ENTRADA	6	10	4	8	12	20
Dividir entre 2	3	5				
Multiplicar por 4	12		8			
SALIDA DE LA MÁQUINA	12			16		

3

ESCRIBE UNA TÚ. ↓

ENTRADA	6	10	4	8		
Sumar 5					17	
Duplicar						
Restar 10						
SALIDA DE LA MÁQUINA						

Preparación para las pruebas

4 ¿Cuál de estas expresiones NO es igual a 16?

A. 4×4 **B.** $36 \div 2$ **C.** $9 + 7$ **D.** $21 - 5$

Nombre ______________________________ Fecha ____________

Práctica
Lección 4

Relacionar las máquinas de entrada y salida con los crucigramas

Todos los números del crucigrama de la derecha son el doble de los números del crucigrama de la izquierda. Completa los pares de crucigramas numéricos.

1

	8	
7		

10		
		60

2

11		21
		38

	16	
40		

Preparación para las pruebas

3 Escribe los números ordenados de mayor a menor. Explica cómo decidiste el orden de los números.

648,831 684,301 684,299

____

____

____

____

____

____

____

Nombre ______________________ Fecha ____________

Introducción a los valores de salida negativos

Cada una de las tablas se hizo con una de las siguientes reglas. Escribe la letra de la regla que se usó para crear cada tabla. Luego, completa las tablas.

Regla A: Multiplicar el valor de entrada por 3.
Regla B: Restar 6 del valor de entrada.
Regla C: Multiplicar el valor de entrada por sí mismo.

1. Regla ________

ENTRADA	7	15	50	6	5	4	0
SALIDA	1	9	44	0			

2. Regla ________

ENTRADA	3	5	8	10	1	6	
SALIDA	9	25	64	100			49

3. Regla ________

ENTRADA	3	5	8	10	7	4	
SALIDA	9	15	24	30			33

Preparación para las pruebas

4. La temperatura era de 97°F a las 2:00 p.m. Luego, hubo una tormenta eléctrica y la temperatura bajó 16°F. Después de la tormenta, la temperatura subió 8°F. ¿Cuál era la temperatura en ese momento? Explica cómo hallaste la respuesta.

____

____

Nombre ______________________ Fecha ____________

Determinar reglas de dos operaciones

Completa las tablas. Algunas de las reglas usan dos operaciones.

1.

ENTRADA	3	9	2	10	5	7	0	6	8	
SALIDA	15	45	10							55

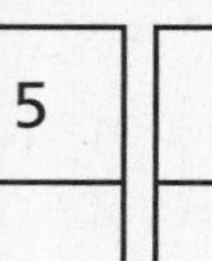
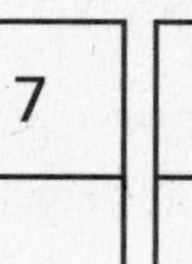
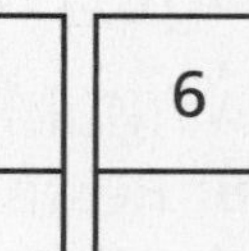
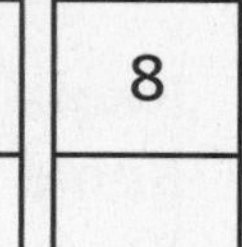
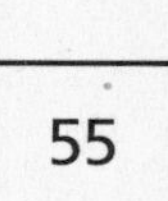

2.

ENTRADA	18	9	14	11	29	129	100	114	99	
SALIDA	9	0	5							146

3.

ENTRADA	6	10	4	8	5	12	3	11	7	
SALIDA	10	18	6							16

4.

ENTRADA	4	7	3	9	0	11	8	10	12	
SALIDA	16	25	13							22

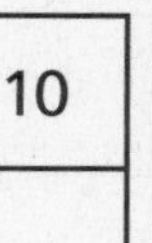
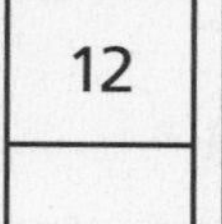
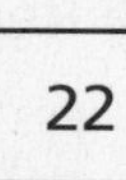

Preparación para las pruebas

5. Marti usó una regla para hacer esta lista de números.

1, 3, 7, 13, 21, ■

Si usa la misma regla para continuar la lista, ¿cuál será el próximo número?

A. 23 **C.** 33
B. 31 **D.** 37

6. ¿Cuál es el valor de c en la ecuación $63 - c = 29$?

A. 34
B. 44
C. 46
D. 92

Nombre ______________________ Fecha ____________

Práctica
Lección 7

Crucigramas numéricos de multiplicación

Completa todos los crucigramas.

1

A

10	9	
8	12	

× 6

A × 6

60		

2

B

40	10	30	
90	60	70	
20	50	80	

× 4

B × 4

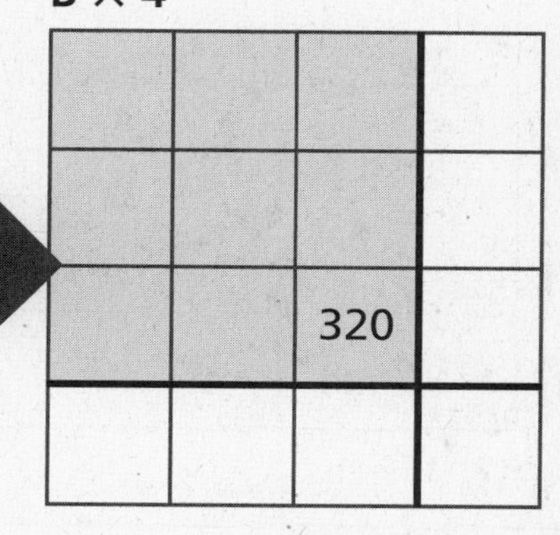

		320	

Preparación para las pruebas

3 ¿Qué enunciado numérico es correcto?

A. $2 - 9 = 7$
B. $2 - 9 = 0$
C. $2 - 9 = 11$
D. $2 - 9 = {}^{-}7$

4 Jacob fue a la escuela con 4 cajas de lápices. Cada caja tenía 12 lápices. En la escuela, regaló 6 lápices a cada uno de sus 4 amigos. ¿Cuál de los siguientes enunciados numéricos se puede usar para hallar el número de lápices que quedaron?

A. $(4 \times 12) + (6 \times 4) = ■$
B. $(4 + 12) - (6 + 4) = ■$
C. $(12 \times 6) - (6 \times 4) = ■$
D. $(4 \times 12) - (6 \times 4) = ■$

Nombre ______________________ Fecha __________

Hallar patrones en la tabla de multiplicación

1. Completa la tabla.

×	0	1	2	3	4	5	6	7	8	9	10
6											
7											
8											
9											
10											
11											
12											

Preparación para las pruebas

2. Observa el patrón de los cuadrados que están sombreados en los diseños de abajo.

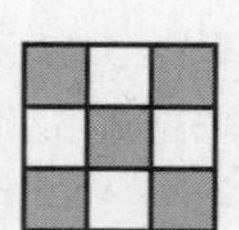
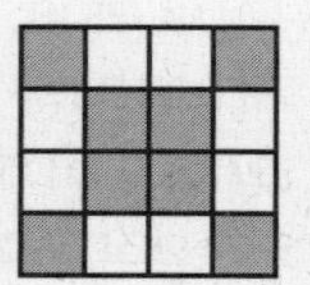
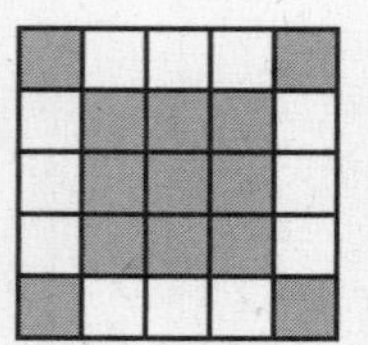
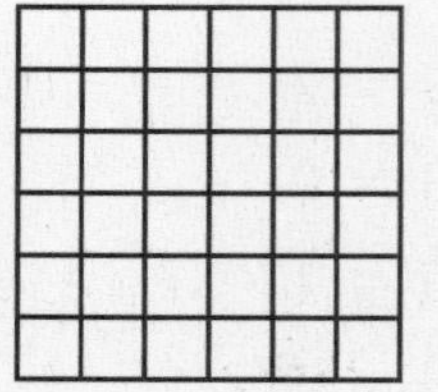

¿Cuántos cuadrados estarían sombreados en el Diseño 4? Explica cómo lo sabes.

____

____

Nombre ______________________ Fecha __________

Práctica
Lección 2

Dividir modelos de área

Completa los modelos de área y los crucigramas.

1

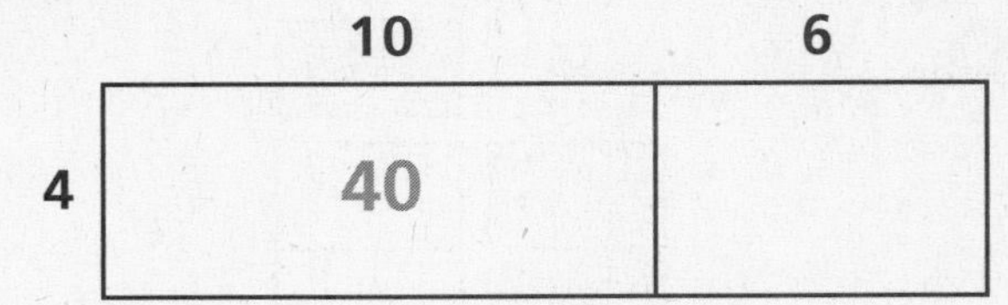

×	10	6	16
4			

2

×	5
8	
7	
15	

3

×	7
6	
9	
15	

4

×	10	8	18
11			

5

×	2	4	6
3			
5			
8			

6

×	4	6	10
7			
10			
17			

Preparación para las pruebas

7 ¿Cuál de las siguientes opciones NO es una manera de describir un modelo de área de 13 × 14?

A. (10 + 3) × (10 + 4)
B. (5 + 8) × (6 + 8)
C. (10 × 3) + (10 × 4)
D. (12 + 1) × (13 + 1)
E. (13 × 9) + (13 × 5)

Nombre ______________________ Fecha __________

Duplicar y sumar

Completa las columnas sumando o duplicando.

1

×	39
1	39
2	
3	
4	
5	
6	
7	
8	
9	
10	

2

×	39
11	
12	
13	
14	546
15	
16	624
17	
18	702
19	
20	

Completa.

3 1 × 39 = 39, por lo tanto,

10 × 39 = ______

4 2 × 39 = ______, por lo tanto,

20 × 39 = ______

Preparación para las pruebas

5 Un adulto respira 180 veces en 15 minutos y un bebé respira 300 veces. ¿Cuántas veces más que un adulto respirará un bebé en una hora? Explica cómo lo sabes.

____

____

____

Nombre ______________________ Fecha __________

Multiplicar por múltiplos de 10

Completa los crucigramas.

1

×	50	40	90
6			
10			
16			

2

×	60	5	
20			
30			
50			

Completa los enunciados numéricos.

3 $9 \times 5 =$ ______

$90 \times 5 =$ ______

$50 \times 9 =$ ______

$90 \times 50 =$ ______

4 $5 \times 2 =$ ______

$20 \times 5 =$ ______

$50 \times 2 =$ ______

$20 \times 50 =$ ______

Preparación para las pruebas

5 Marco tenía en una colección 1,400 tarjetas de béisbol y 50 tarjetas de fútbol. Después de vender algunas tarjetas a su hermano, le quedaron 1,274. ¿Cuántas tarjetas vendió a su hermano? Explica cómo resolviste el problema.

____

____

____

____

Nombre ______________________ Fecha ____________

Práctica
Lección 5

Trabajar con números grandes

Escribe números que coincidan con las palabras.

1. Doce millones cuarenta y nueve mil novecientos dos

____

2. Doscientos catorce millardos quinientos millones setecientos diecisiete mil doce

____

3. Seiscientos ocho millones ocho

____

4. Compara los números y ordénalos de **menor a mayor** escribiendo **1, 2** o **3** en los casilleros.

☐ 29,642,831,076

☐ 29,642,813,076

☐ 29,624,831,760

Preparación para las pruebas

5. ¿Qué expresión NO tiene un valor igual a 2,000?

A. 100 × 10 × 2
B. 50 × 400
C. 20 × 100
D. 40 × 50

6. ¿Qué opción muestra otra manera de escribir 10,000?

A. 10 × 10 × 10
B. 100 × 10
C. 100 × 100
D. 1 × 100 × 10

Nombre ________________ Fecha ________

Estimar productos

Completa los enunciados numéricos.

1. $200 \times 9 =$ ________
   $200 \times 90 =$ ________
   $200 \times 900 =$ ________

2. $4 \times 800 =$ ________
   $40 \times 800 =$ ________
   $400 \times 800 =$ ________

3. $60 \times 40 =$ ________
   $600 \times 400 =$ ________
   $60 \times 400 =$ ________

4. $7 \times 60 =$ ________
   $70 \times 600 =$ ________
   $70 \times 60 =$ ________

Resuelve el problema.

5. Cincuenta estudiantes pasan cada uno aproximadamente 300 horas al año estudiando y haciendo la tarea. ¿Aproximadamente cuántas horas por año dedican todos los estudiantes a estudiar y hacer la tarea?

____

Preparación para las pruebas

6. Una bolsa grande de patatas fritas cuesta $0.75 más que una bolsa pequeña. Si ■ representa el precio de la bolsa grande, ¿qué expresión muestra el precio de la bolsa pequeña?

A. ■ − $0.75
B. $0.75 − ■
C. ■ + $0.75
D. $0.75 + ■

Nombre ______________________ Fecha ____________

Estimar de varias maneras

Estima los productos.

1. 16×46

   Estima:

   _______ × _______ = _______

2. 34×29

   Estima:

   _______ × _______ = _______

3. 31×24

   Estima:

   _______ × _______ = _______

4. 55×78

   Estima:

   _______ × _______ = _______

5. Natalee quiere comprar 24 panecillos en la venta de pasteles de mañana. Sabe que cada panecillo costará 32¢. ¿Cuánto dinero debe llevar para estar segura de que tiene dinero suficiente? Muestra tu trabajo y explica tu respuesta.

   Estima:

   _______ × _______ = _______

   ____

   ____

Preparación para las pruebas

6. ¿Qué lista muestra los factores comunes de 12 y 30?

   A. 1, 2, 3, 4, 5, 6, 10, 12, 15, 30
   B. 2, 4, 6, 10, 12
   C. 1, 3, 5, 15
   D. 1, 2, 3, 6

7. ¿Qué par de signos hace que este enunciado sea verdadero?

   12 ● 1 = 12 ● 1

   A. +, −
   B. −, ×
   C. >, <
   D. ×, ÷

Nombre ______________________ Fecha __________

Descubrir un patrón de multiplicación útil

Completa los diagramas y los enunciados numéricos.

1.

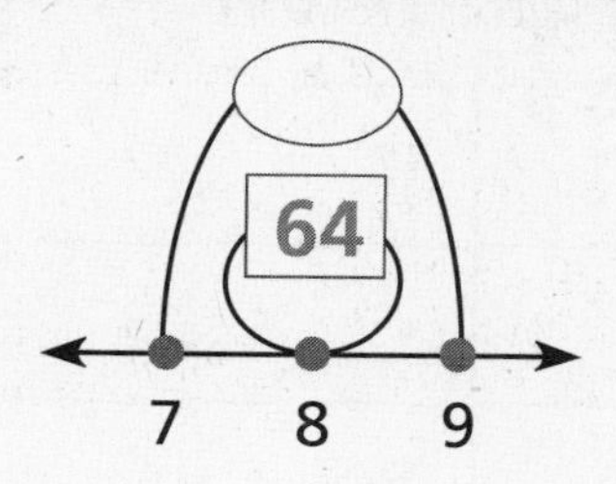

$8 \times 8 =$ ______

$7 \times 9 =$ ______

2.

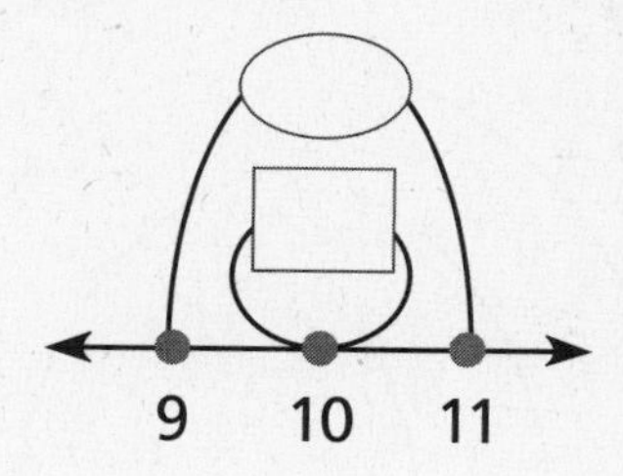

$10 \times 10 =$ ______

$9 \times 11 =$ ______

3.

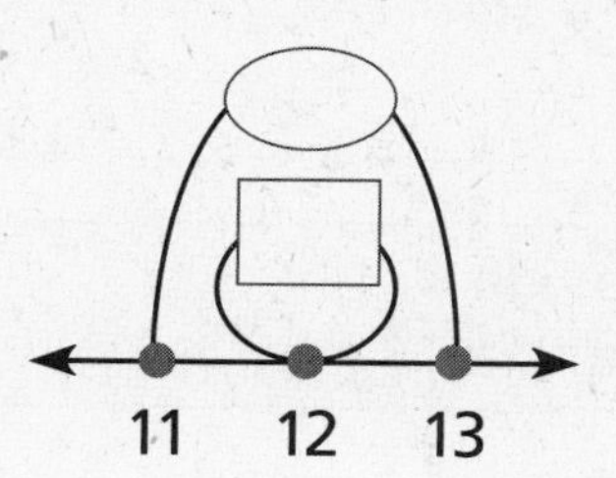

$12 \times 12 =$ ______

$11 \times 13 =$ ______

4.

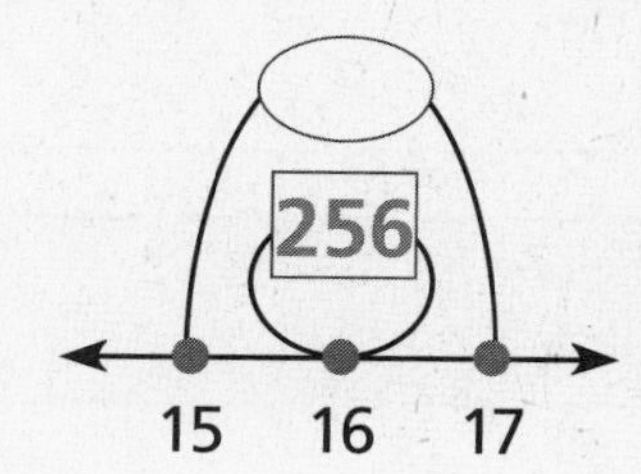

$16 \times 16 =$ ______

$15 \times 17 =$ ______

Preparación para las pruebas

5. Jake gana $21 por cada día de trabajo. Este año planea trabajar 112 días. A fin de año, ¿habrá ganado los $2,000 que quiere ahorrar para viajar a visitar a su abuela? Estima para resolver y explica tu respuesta.

____

____

____

Nombre ______________________ Fecha __________

Ampliar el patrón de multiplicación

Completa el diagrama y las tablas.

1

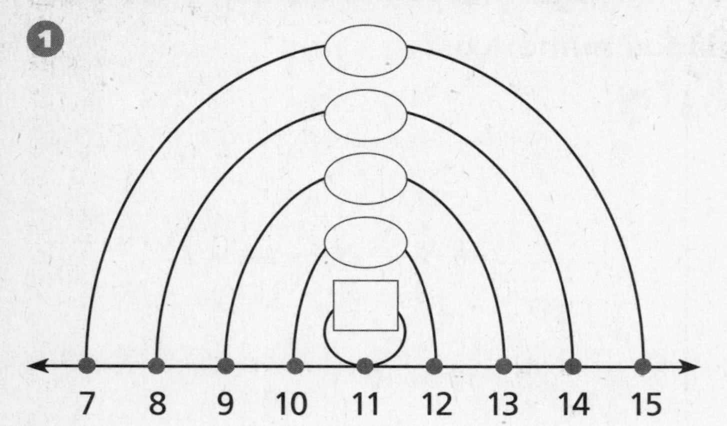

Pasos de distancia	11 × 11 = ____
1	10 × 12 = ____
2	____ × 13 = ____
3	8 × ____ = ____
4	____ × ____ = ____

2

Pasos de distancia	7 × 7 = ____
3	4 × ____ = ____

3

Pasos de distancia	19 × 19 = 361
2	____ × ____ = ____

Preparación para las pruebas

4 Cierto número se multiplica por 3. El producto es 8 menos que 35.

¿Cuál es el número?

A. 8 **C.** 7
B. 5 **D.** 9

5 Cierto número impar es menor que 10. Si se multiplica por 6 y se suma 6 al producto, el resultado es 60.

¿Cuál es el número?

A. 9 **C.** 7
B. 5 **D.** 3

Nombre ______________________ Fecha ____________

Investigar por qué funciona un patrón

Completa los números que faltan.

1

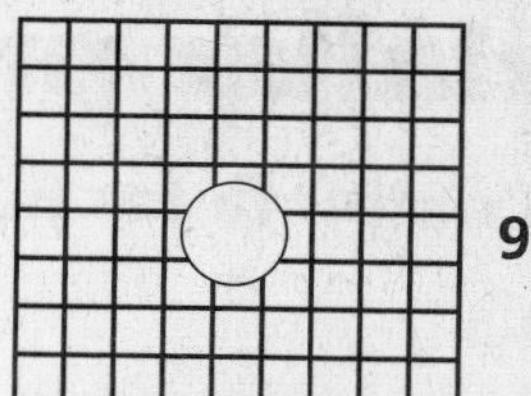

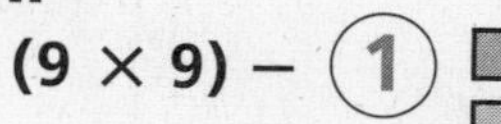

9×9

$(9 \times 9) - 1$

$(9 \times 9) - \bigcirc$

$(9 \times 9) - \bigcirc$

9, 9, 8, 10, 7, 11, 6, 12

2

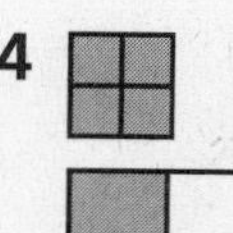

16×16

256

16, 16

$(16 \times 16) - 1$

$(16 \times 16) - 4$

Preparación para las pruebas

3 Un águila bate sus alas 150 veces por minuto. Un colibrí bate sus alas 30 veces más rápido que un águila. ¿Cuántas veces bate sus alas un colibrí en un minuto? Explica cómo lo sabes.

____

____

Nombre ______________________ Fecha ____________

Hallar productos de factores grandes

Completa los números que faltan.

1.

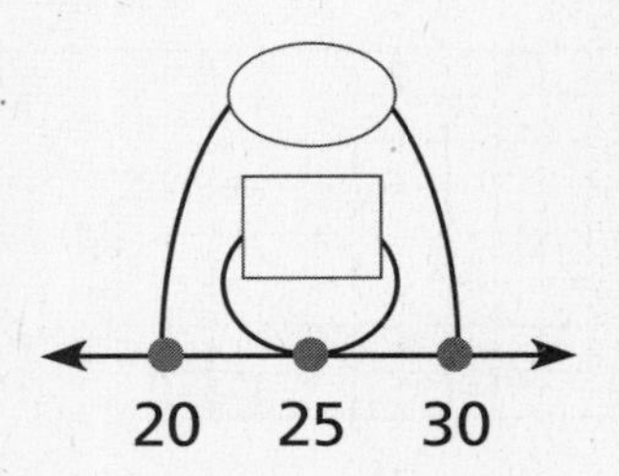

(20 × 30) + 25 = ________

2.

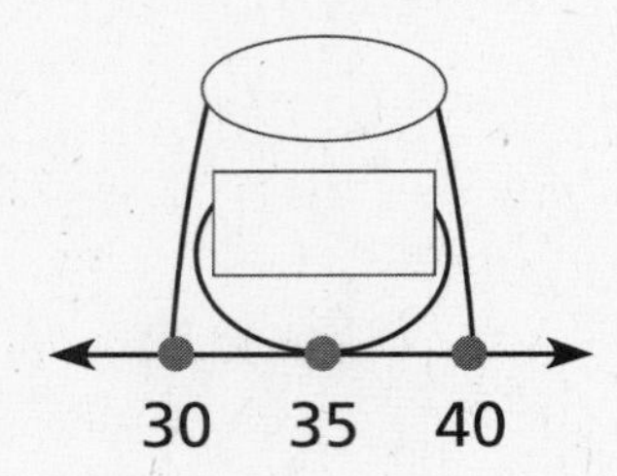

(30 × 40) + ______ = ________

3.

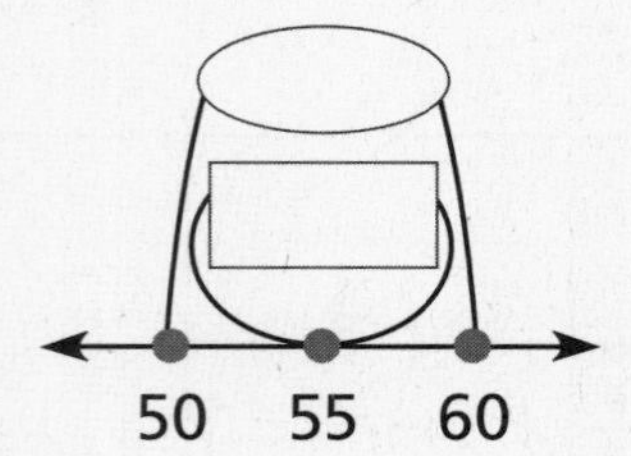

(______ × ______) + ______ = ________

4.

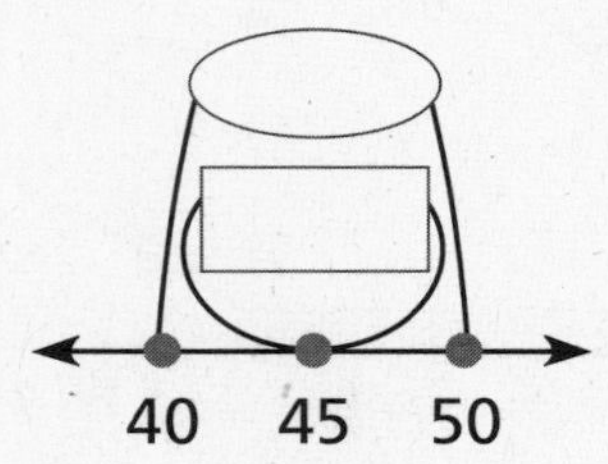

(______ × ______) + ______ = ________

Preparación para las pruebas

5. ¿Qué grupo contiene un número que NO es un número cuadrado?

A. 121, 11, 25, 4
B. 16, 49, 1, 144
C. 36, 16, 0, 4
D. 100, 49, 9, 25

6. ¿Qué grupo de palabras describe correctamente el número 25?

A. múltiplo de 5, múltiplo de 20
B. impar, múltiplo de 10
C. primo, cuadrado, impar
D. impar, cuadrado, compuesto

Nombre ______________________ Fecha ____________

Práctica
Lección 1

Investigar crucigramas matemáticos secretos

Resuelve los crucigramas. Los casilleros debajo de las pistas te muestran el número de dígitos de la solución.

Pistas	Espacio para trabajar

1 Crucigrama A

☐ Múltiplo de 9 menor que 81

☐ Par

☐ La diferencia entre los dígitos = 5

☐☐

2 Crucigrama B

☐ Múltiplo de 20 mayor que 80, pero menor que 300

☐ La suma de los dígitos es par

☐ La suma de los dígitos es un número de 2 dígitos

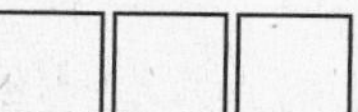

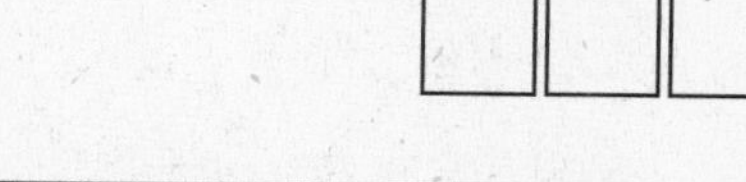

Preparación para las pruebas

3 La Sra. Nichols quería poner la misma cantidad de computadoras en 3 salones de clases. Tenía un total de 84 computadoras. ¿Cuál de los enunciados es verdadero?

A. No puede poner la misma cantidad de computadoras en cada salón de clases.

B. Puede poner 29 computadoras en cada salón de clases.

C. Puede poner 43 computadoras en cada salón de clases.

D. Puede poner la misma cantidad de computadoras en cada salón de clases.

Nombre ______________________ Fecha ____________

Descomponer en factores

Escribe todos los factores de cada producto en el diagrama. Une con lineas los pares de factores.

1. **15**

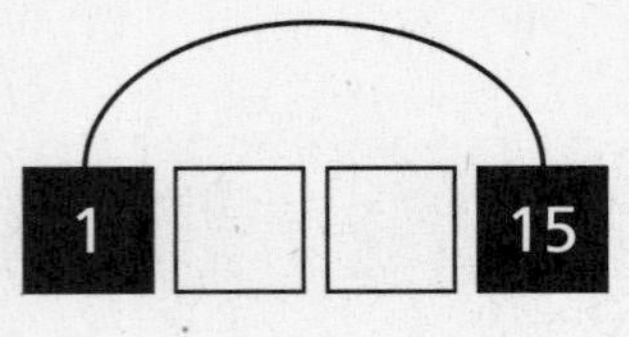

2. **4**

2

3. **28**

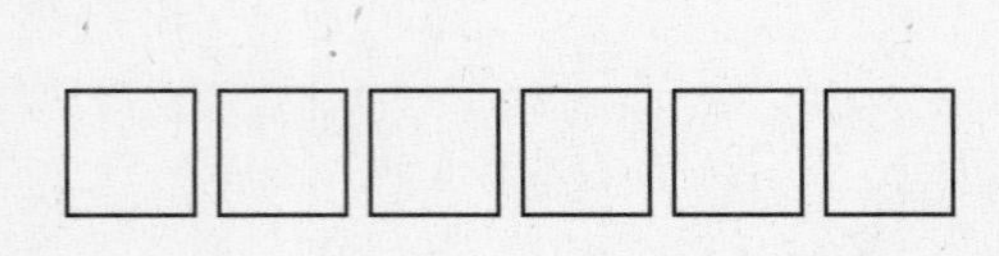

4. **50**

Preparación para las pruebas

Gayle está sombreando cuadrados con múltiplos en la cuadrícula.

5. Si sombrea todos los cuadrados con múltiplos de 2, ¿cuántos cuadrados sombreará? __________
6. Si sombrea todos los cuadrados con múltiplos de 4, ¿cuántos cuadrados sombreará? __________
7. Si sombrea todos los cuadrados con múltiplos de 5, ¿cuántos cuadrados sombreará? __________

1	2	3	4	5	6	7	8	9	10
11	12	13	14	15	16	17	18	19	20
21	22	23	24	25	26	27	28	29	30
31	32	33	34	35	36	37	38	39	40
41	42	43	44	45	46	47	48	49	50
51	52	53	54	55	56	57	58	59	60
61	62	63	64	65	66	67	68	69	70
71	72	73	74	75	76	77	78	79	80
81	82	83	84	85	86	87	88	89	90
91	92	93	94	95	96	97	98	99	100

Nombre ______________________ Fecha ____________

Hallar factores comunes

- **Para resolver estos crucigramas, es posible que necesites hacer más de una lista de números.**
- **Lee todas las pistas de cada crucigrama antes de comenzar.**
- **Los casilleros que están debajo de las pistas te muestran el número de dígitos de la solución.**
- **Algunos crucigramas tienen más de una solución.**

Pistas	Espacio para trabajar

1 **Crucigrama A**

☐ Impar

☐ Factor común de 12 y 18

☐

2 **Crucigrama B**

☐ Menor que 200

☐ La suma de los dígitos = 6

☐ El producto de los dígitos = 0

☐ Cada factor de 75 es también su factor.

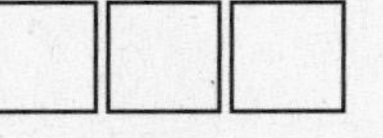

Preparación para las pruebas

3 ¿Qué número NO es un múltiplo común de 8 y 5?

A. 80
B. 0
C. 140
D. 200

4 Lois llegó a la biblioteca a las 9:30 a.m. Permaneció 35 minutos en la sección revistas, 48 minutos en la sección ficción y 1 hora y 15 minutos en la sección biografías. ¿A qué hora se fue Lois de la biblioteca?

____

Nombre ______________________________ Fecha ____________

Investigar números primos y compuestos

Haz una lista de factores. Escribe *P* para Primo, *C* para Compuesto o *N* para Ninguno.

Número	Factores	P, C o N
1. 40		
2. 23		
3. 49		
4. 1		
5. 100		

Preparación para las pruebas

6. ¿Qué grupo contiene todos los factores de 18?

   A. 1, 18
   B. 1, 2, 6, 9, 18
   C. 1, 2, 3, 6, 9, 18
   D. 1, 3, 6, 9, 18

7. Kenji y John viajan 270 millas con 9 galones de gasolina. ¿Cuántas millas recorren con un galón de gasolina?

   __________ millas

Nombre ______________________ Fecha ____________

Práctica
Lección 5

Escribir un número como el producto de factores primos

Dibuja árboles de factores y encierra los factores primos en un círculo. Escribe enunciados numéricos con los factores primos.

1

44 = ______________________

2 28

28 = ______________________

3 72

72 = ______________________

4 144

144 = ______________________

Preparación para las pruebas

5 ¿Qué número es divisible entre 2, 3, 5, 6 y 10?

A. 48,405

B. 45,840

C. 36,315

D. 63,550

6 Una fábrica de cuentas divide 54,000 cuentas en partes iguales entre 6 recipientes. ¿Cuántas cuentas hay en cada recipiente? ¿Sobra alguna cuenta?

____

Nombre ______________________________ Fecha ____________

Investigar la divisibilidad entre 2, 5 y 10

Escribe *sí* o *no*.

1. ¿Es divisible entre 2?

128 _____	**1,046** _____	**2,468** _____
465 _____	**1,298** _____	**788** _____

¿Cómo lo sabes? ____

____

2. ¿Es divisible entre 5?

110 _____	**65** _____	**105** _____
42 _____	**1,040** _____	**6,630** _____

¿Cómo lo sabes? ____

____

3. ¿Es divisible entre 10?

425 _____	**1,250** _____	**16,802** _____
760 _____	**405** _____	**21,970** _____

¿Cómo lo sabes? ____

____

Preparación para las pruebas

4. El Sr. Ruiz usó una máquina copiadora para imprimir 395 páginas. La máquina las abrochó en paquetes de 5 páginas cada uno. ¿Cuántas páginas sobraron?

A. 0 **B.** 2 **C.** 3 **D.** 4

Nombre ______________________ Fecha ____________

Investigar la divisibilidad entre 3, 6 y 9

Escribe *sí* o *no*.

1. ¿El número es divisible entre 3?

102 ______ **473** ______ **780** ______

312 ______ **561** ______ **803** ______

¿Cómo puedes saber si un número es divisible entre 3? ____________________

____

____

2. ¿El número es divisible entre 9?

333 ______ **612** ______ **3,210** ______

945 ______ **514** ______ **4,959** ______

¿Cómo puedes saber si un número es divisible entre 9? ____________________

____

____

3. ¿El número es divisible entre 6?

501 ______ **840** ______ **4,545** ______

102 ______ **134** ______ **5,454** ______

¿Cómo puedes saber si un número es divisible entre 6? ____________________

____

Preparación para las pruebas

4. El número 8,955 NO es divisible entre

A. 3 **C.** 9
B. 5 **D.** 10

5. El viernes, sábado y domingo se repartieron un total de 630 periódicos. Si se repartió la misma cantidad de periódicos cada día, ¿cuántos periódicos se repartieron el domingo?

__________ periódicos

Nombre ______________________ Fecha ____________

Investigar los resultados de dos operaciones

Escribe los valores de salida.

Ejemplo:

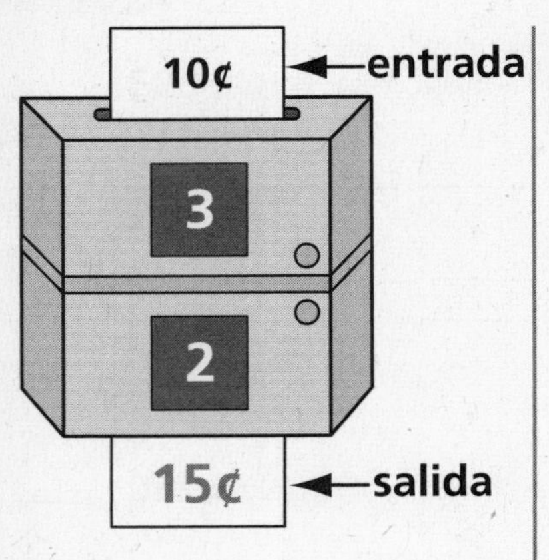

1 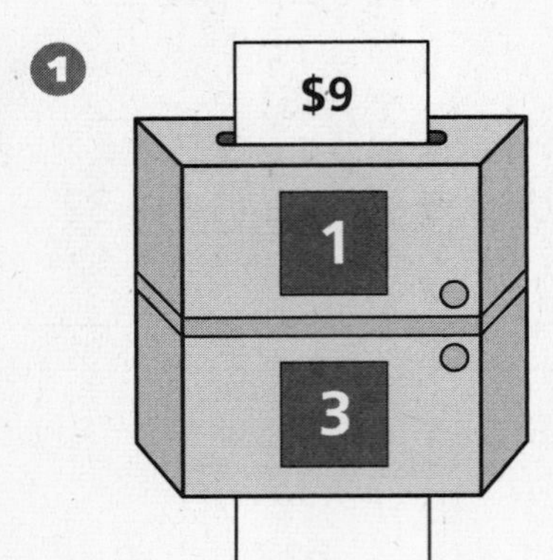

2 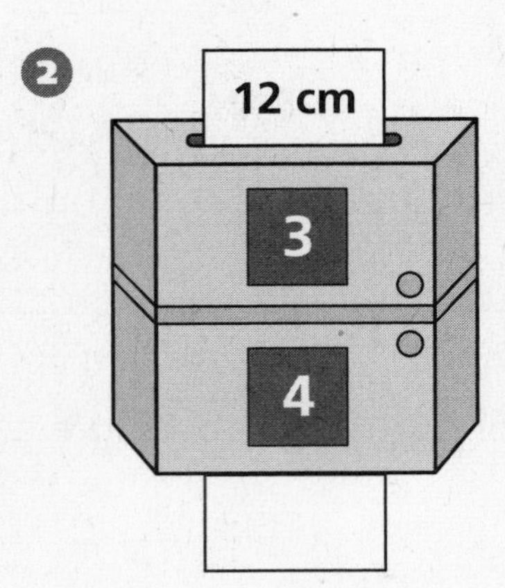

3 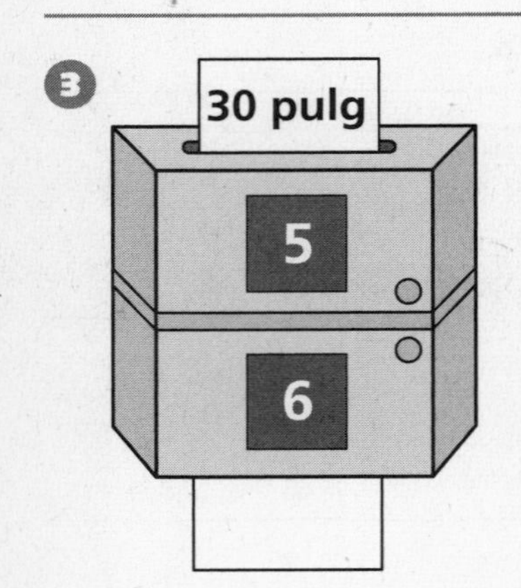

4 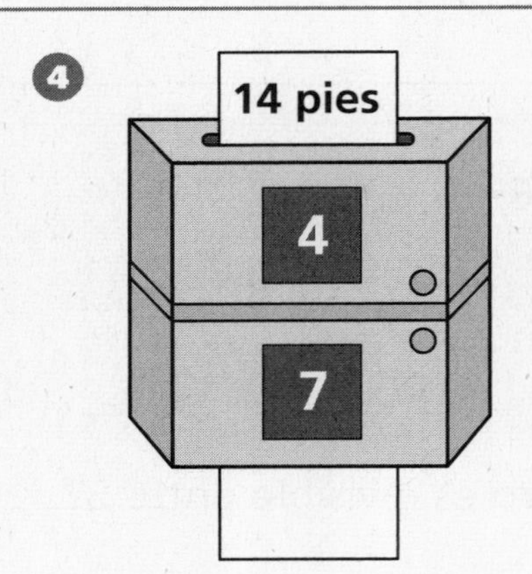

5 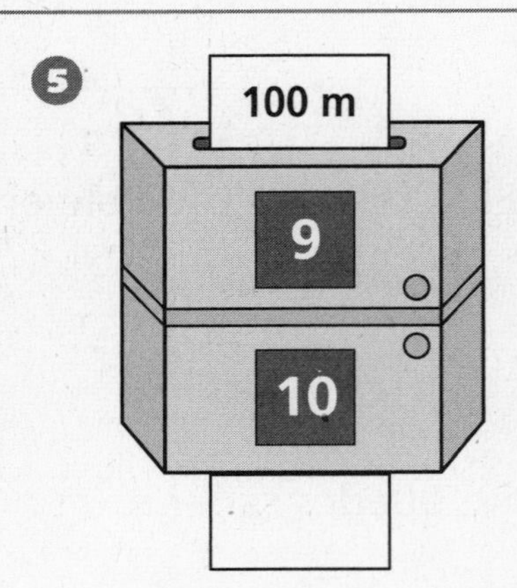

Preparación para las pruebas

6 ¿Cuáles son los factores comunes de 24 y 36?

A. 1, 2, 4, 24, 36 **B.** 1, 2, 3, 6, 12 **C.** 1, 2, 3, 4, 12 **D.** 1, 2, 3, 4, 6, 12

7 ¿Qué grupo muestra múltiplos comunes de 6 y 4?

A. 1, 6, 4, 12 **B.** 36, 12, 24 **C.** 1, 12, 18 **D.** 12, 18, 24, 36

Nombre ______________________ Fecha ____________

Investigar el orden de dos operaciones

Anota los valores de salida.

1. 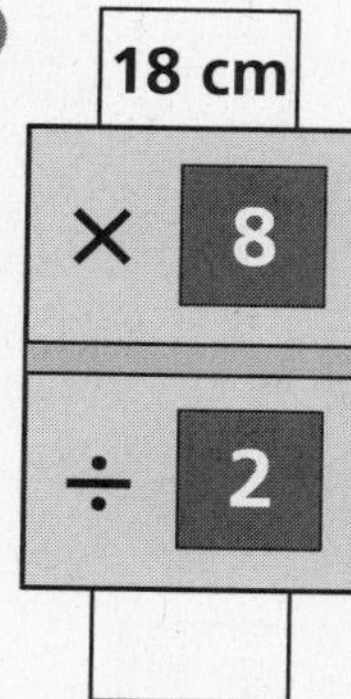

2. 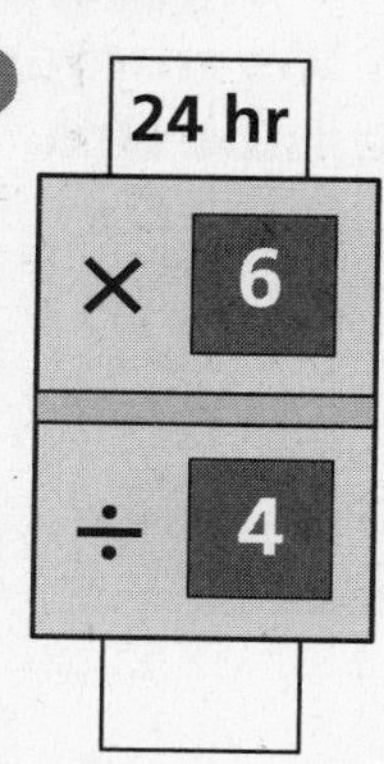

3. 72 yd
× 9
÷ 8

4. $60
× 12
÷ 20

Anota los números que faltan.

5. 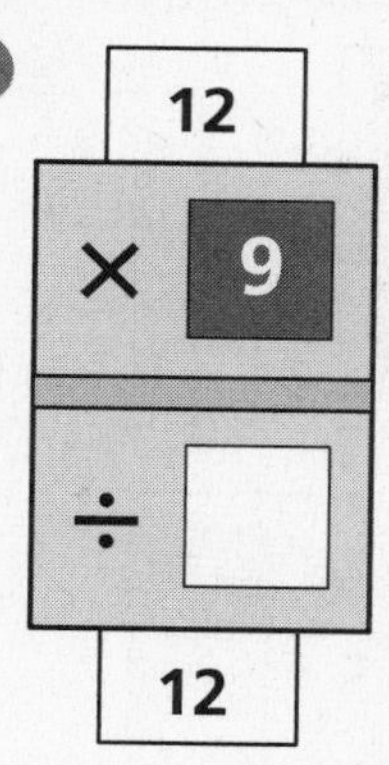

6. 

7. 

8. 48
×
÷ 12
16

Preparación para las pruebas

9. Si multiplicas 12 por 3 y divides el resultado entre 4, ¿qué enunciado NO es verdadero?

A. Puedes multiplicar 12 por 3 primero o dividir 12 entre 4 primero e igual obtendrás el resultado correcto.

B. La respuesta correcta es 9.

C. Puedes dividir 12 entre 4 y luego multiplicar el resultado por 3 para obtener la respuesta correcta.

D. La respuesta correcta es 4.

Nombre ______________________ Fecha ____________

Hallar fracciones equivalentes

- **Tilda (✓) las máquinas de fracciones que dan el resultado que se muestra.**
- **Tacha (×) las máquinas de fracciones que no lo hacen.**
- **Completa los casilleros de la izquierda con los números más pequeños que den el resultado que se muestra.**

1

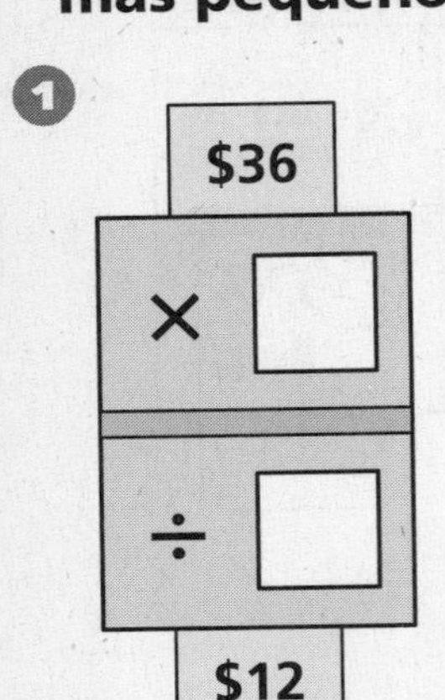

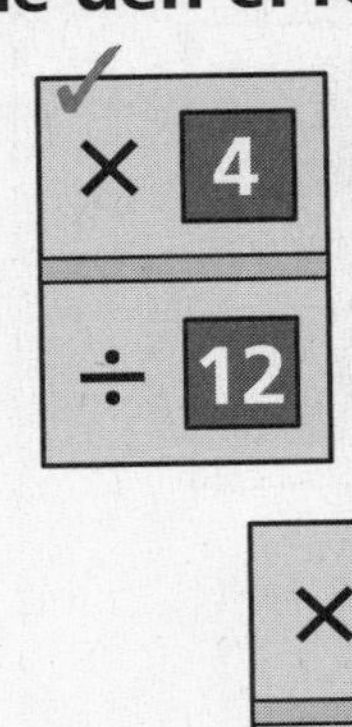

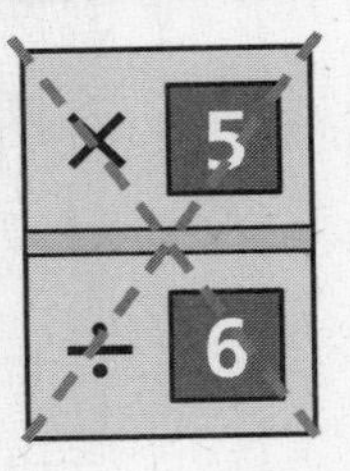

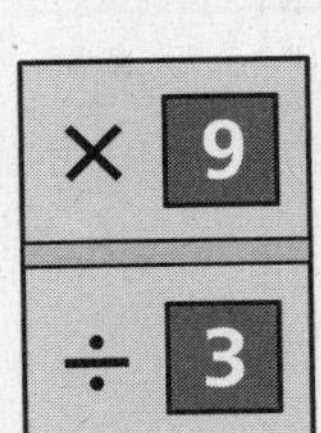

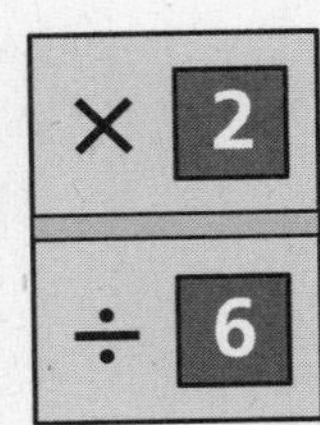

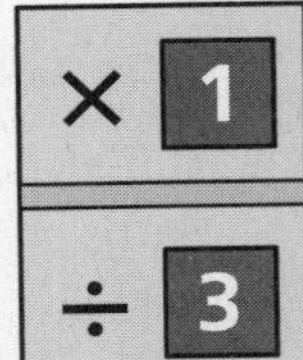

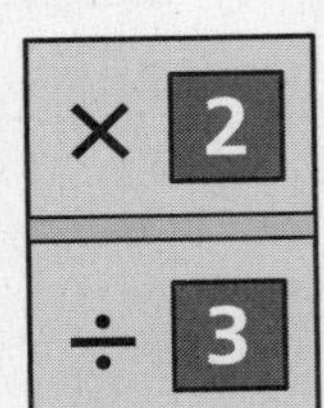

× 3
÷ 6

2

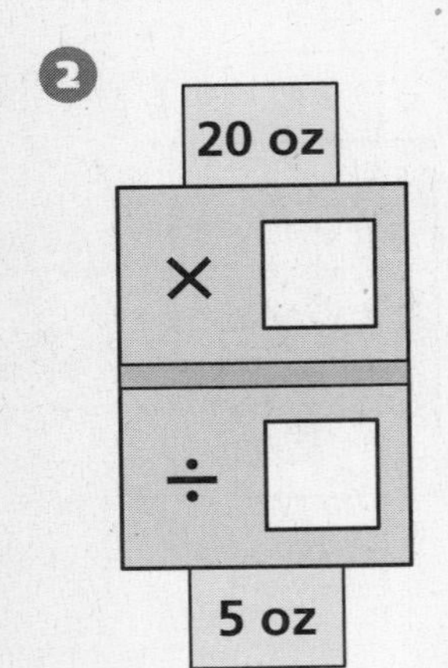

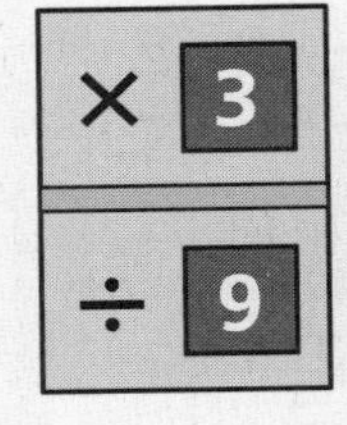

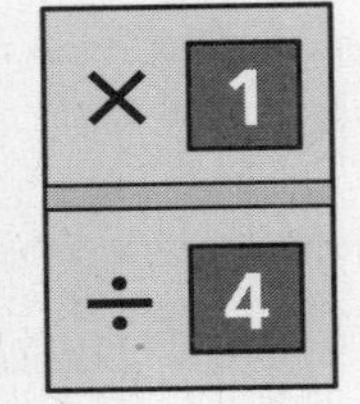

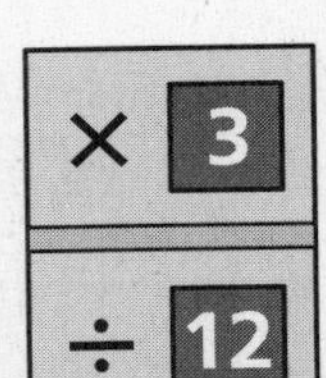

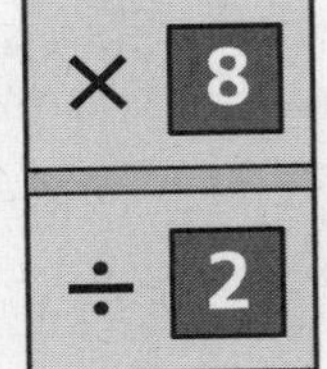

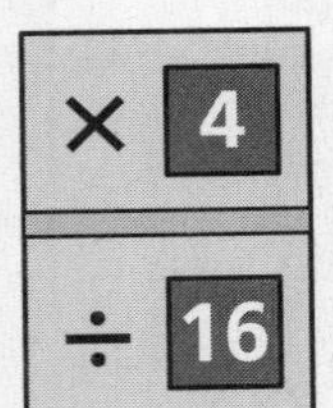

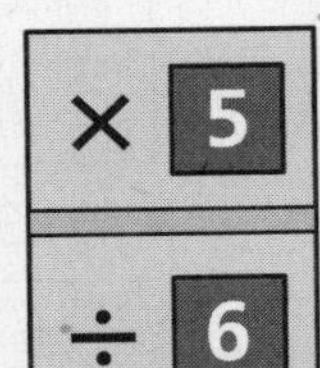

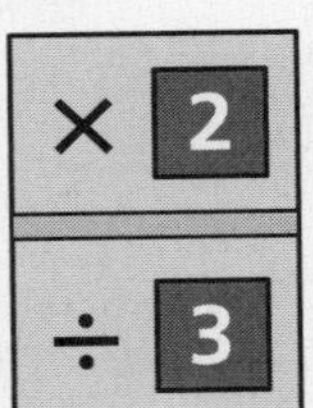

Preparación para las pruebas

3 Mackenzie usó 12 pies de cinta para envolver un regalo. Tyler usó el doble de cinta para envolver 4 regalos pequeños. Usó la misma cantidad de cinta para cada regalo. ¿Cuánta cinta usó Tyler para cada regalo?

A. 24 pies
B. 8 pies
C. 6 pies
D. 4 pies

Nombre ______________________ Fecha __________

Fracciones equivalentes con diagramas de puntos

Usa diagramas de puntos para hallar fracciones equivalentes.

1. $\frac{5}{6} = \frac{\square}{18}$

2. $\frac{3}{5} = \frac{\square}{25}$

Halla cualquier fracción equivalente con un diagrama de puntos.

3. $\frac{2}{7} = \frac{\square}{\square}$

4. $\frac{7}{8} = \frac{\square}{\square}$

5. $\frac{2}{5} = \frac{\square}{\square}$

6. $\frac{4}{7} = \frac{\square}{\square}$

Preparación para las pruebas

7. ¿Qué fracción es equivalente a $\frac{2}{9}$?

A. $\frac{1}{18}$ C. $\frac{6}{27}$
B. $\frac{1}{3}$ D. $\frac{9}{2}$

8. ¿Qué fracción es la mínima expresión de $\frac{15}{25}$?

A. $\frac{6}{10}$ C. $\frac{12}{20}$
B. $\frac{3}{5}$ D. $\frac{9}{15}$

Nombre ______________________ Fecha ____________

Práctica
Lección 5

Estrategias para comparar fracciones

Compara las fracciones. Escribe $<$, $>$ o $=$.

1 $\frac{11}{12}$ ◯ $\frac{3}{8}$

¿Cómo lo resolviste? Elige una o más opciones.

- ☐ Comparé cada fracción con $\frac{1}{2}$.
- ☐ Calculé qué fracción está más cerca de 1.
- ☐ Reconocí fracciones equivalentes.
- ☐ Otra posibilidad: ______________________

2 $\frac{5}{6}$ ◯ $\frac{4}{10}$

¿Cómo lo resolviste? Elige una o más opciones.

- ☐ Comparé cada fracción con $\frac{1}{2}$.
- ☐ Calculé qué fracción está más cerca de 1.
- ☐ Reconocí fracciones equivalentes.
- ☐ Otra posibilidad: ______________________

3 $\frac{3}{4}$ ◯ $\frac{6}{8}$

¿Cómo lo resolviste? Elige una o más opciones.

- ☐ Comparé cada fracción con $\frac{1}{2}$.
- ☐ Calculé qué fracción está más cerca de 1.
- ☐ Reconocí fracciones equivalentes.
- ☐ Otra posibilidad: ______________________

Preparación para las pruebas

4 Damon escribió esta adivinanza. Halla la respuesta a la adivinanza. Explica la estrategia que usaste.

> *Soy una fracción equivalente a $\frac{2}{4}$. La suma de mi numerador y mi denominador es 21. ¿Qué fracción soy?*

____

____

____

____

Nombre ______________________ Fecha ____________

Comparar fracciones usando denominadores comunes

Para cada par de fracciones:

- **Escribe un par de fracciones equivalentes, pero con un denominador común.**
- **Si lo deseas, usa diagramas de puntos para obtener fracciones equivalentes.**
- **Escribe <, > o = entre las fracciones.**

Ejemplo:

$\frac{5}{8}$ $\frac{3}{4}$

$\frac{5}{8}$ (<) $\frac{6}{8}$

1. $\frac{1}{4}$ $\frac{2}{6}$

   $\frac{\square}{12}$ ◯ $\frac{\square}{12}$

2. $\frac{2}{3}$ $\frac{3}{5}$

   $\frac{\square}{\square}$ ◯ $\frac{\square}{\square}$

3. $\frac{5}{6}$ $\frac{6}{8}$

   $\frac{\square}{\square}$ ◯ $\frac{\square}{\square}$

4. $\frac{7}{8}$ $\frac{2}{3}$

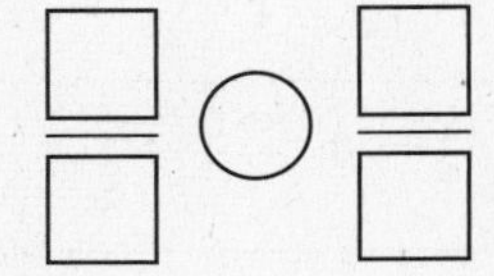

5. $\frac{3}{4}$ $\frac{4}{5}$

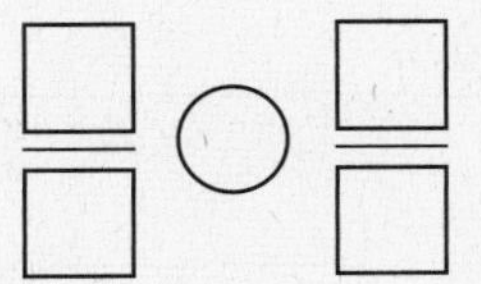

Nombre ______________________________ Fecha ____________

Práctica
Lección 7

Modelos de área y rectas numéricas

Sombrea los diagramas para las fracciones.

1 

$\frac{1}{4}$

2 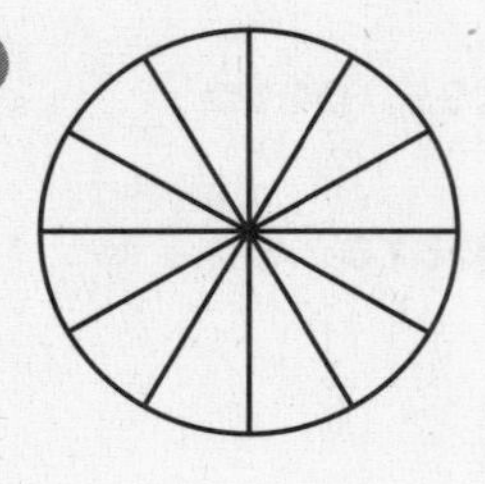

$\frac{4}{6}$

3 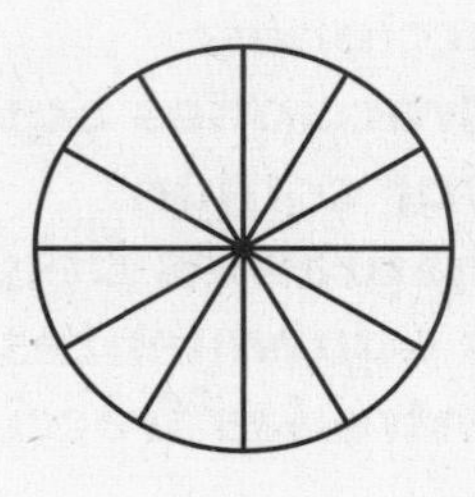

$\frac{2}{6}$

4 

$\frac{2}{12}$

5 

$\frac{1}{3}$

6 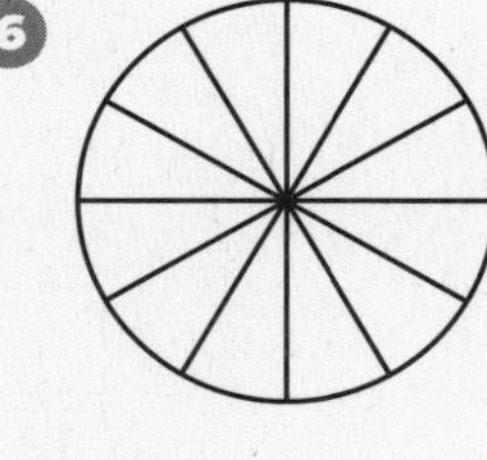

$\frac{3}{12}$

7 

$\frac{1}{6}$

8 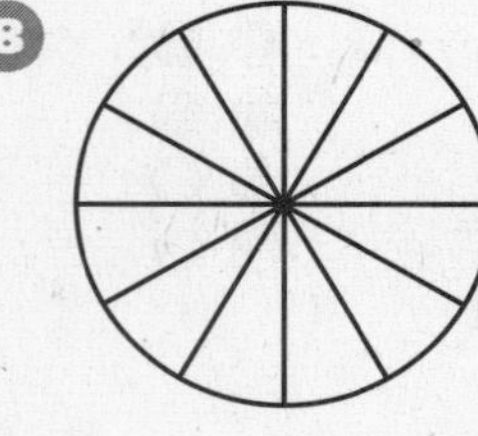

$\frac{2}{3}$

Escribe las fracciones de los Problemas 1 a 8 como pares de fracciones equivalentes.

9 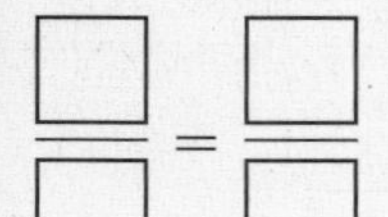

10 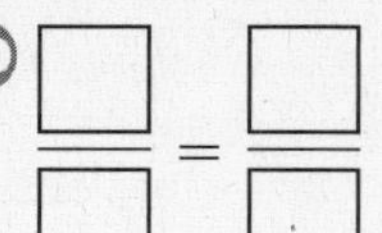

11 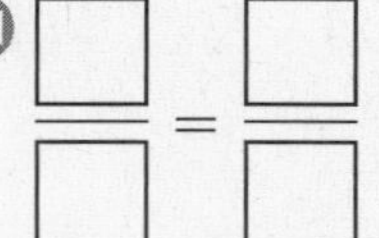

12 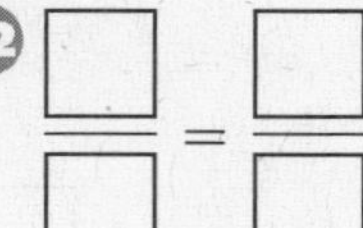

Preparación para las pruebas

13 Jake caminó $\frac{3}{4}$ de milla alrededor del estanque. Marcia caminó $\frac{3}{5}$ de milla hasta la cabaña. ¿Quién caminó más? Explica cómo lo sabes.

____

____

____

Nombre ______________________ Fecha ____________

Números mayores que 1

1 Escribe los números en las ubicaciones correspondientes en la recta numérica. Si dos números rotulan un mismo punto, escribe uno arriba de la recta y el otro debajo de ella.

$\frac{7}{3}$ $\frac{13}{4}$ $2\frac{1}{3}$ $\frac{8}{3}$ $\frac{5}{4}$ $\frac{1}{2}$ $1\frac{1}{4}$

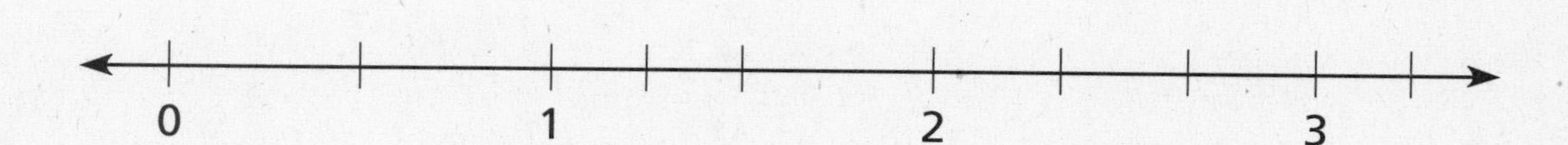

2 Resuelve el problema.

Los vasos pequeños de papel de la máquina de agua contienen $\frac{1}{4}$ taza de agua. Erika tenía mucha sed y llenó su vaso once veces. ¿Cuánta agua bebió? Explica cómo lo sabes.

____

____

Preparación para las pruebas

3 Katie tiene $8 en su cartera. Tiene $\frac{1}{2}$ de esa suma en el bolsillo y $\frac{1}{4}$ de esa suma en la mano. ¿Cuánto dinero tiene en total? Explica cómo lo sabes.

____

____

Fracciones equivalentes mayores que 1

1. Une con líneas los números equivalentes.

$\frac{9}{8}$	$3\frac{2}{5}$	$2\frac{2}{8}$	$6\frac{8}{20}$
$6\frac{4}{10}$	$1\frac{2}{16}$	$\frac{18}{8}$	$3\frac{6}{15}$

Escribe fracciones o números mixtos equivalentes.

2. $8\frac{1}{3}$ = ______ = ______

3. $6\frac{3}{4}$ = ______ = ______

4. $\frac{38}{6}$ = ______ = ______

5. $\frac{43}{8}$ = ______ = ______

Preparación para las pruebas

6. Mira el hexágono cubierto por 3 figuras diferentes. ¿Qué enunciado NO es verdadero?

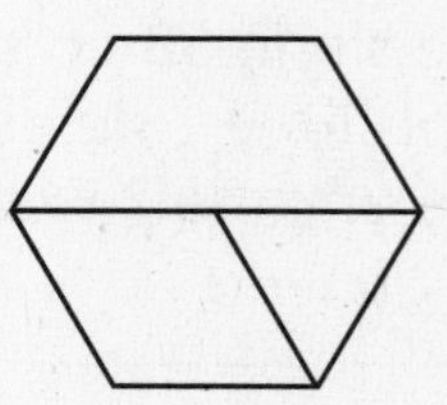

A. El triángulo es $\frac{1}{3}$ del hexágono.

B. El trapecio es $\frac{1}{2}$ del hexágono.

C. El rombo es $\frac{1}{3}$ del hexágono.

D. El triángulo es $\frac{1}{6}$ del hexágono.

Nombre ______________________ Fecha ____________

Multiplicar números de varios dígitos

Completa los enunciados de multiplicación después de dividir y completar un modelo de área o de completar un crucigrama.

1

×			39
52			

$39 \times 52 =$ ________

2

$61 \times 48 =$ ________

3

$54 \times 76 =$ ________

4

$82 \times 44 =$ ________

Preparación para las pruebas

5 ¿Qué fracción representa la parte sombreada?

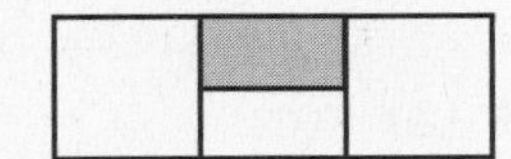

A. $\frac{1}{3}$ **C.** $\frac{2}{6}$

B. $\frac{1}{4}$ **D.** $\frac{1}{6}$

6 ¿Qué fracción representa la parte sombreada?

A. $\frac{2}{3}$ **C.** $\frac{2}{8}$

B. $\frac{2}{5}$ **D.** $\frac{1}{3}$

Nombre ______________________ Fecha ____________

Práctica
Lección 2

Escribir de forma vertical

1. Completa el crucigrama. Luego anota la multiplicación.

×	30	3	33
50			
4			
54			

$$\begin{array}{r} 30 \\ \times\ 50 \\ \hline \square \end{array} \quad \begin{array}{r} 3 \\ \times\ 50 \\ \hline \square \end{array} \quad \begin{array}{r} 30 \\ \times\ 4 \\ \hline \square \end{array} \quad \begin{array}{r} 3 \\ \times\ 4 \\ \hline \square \end{array}$$

$$\begin{array}{r} 33 \\ \times\ 54 \\ \hline \square \\ \square \\ \square \\ \square \\ \hline \square \end{array}$$

Escribe los productos parciales en los modelos de área. Luego completa las multiplicaciones.

2.

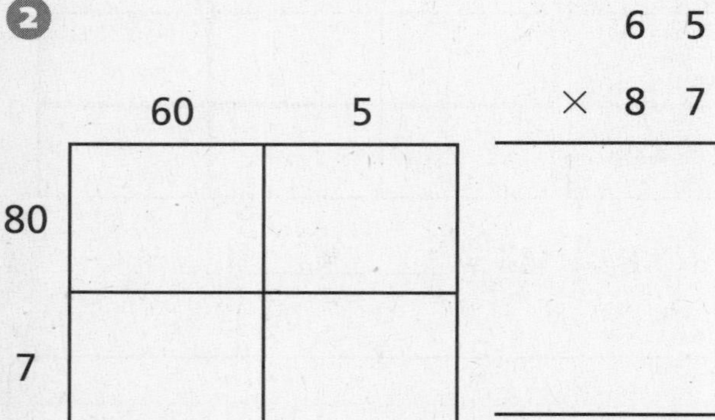

$$\begin{array}{r} 65 \\ \times\ 87 \\ \hline \\ \hline \end{array}$$

3.

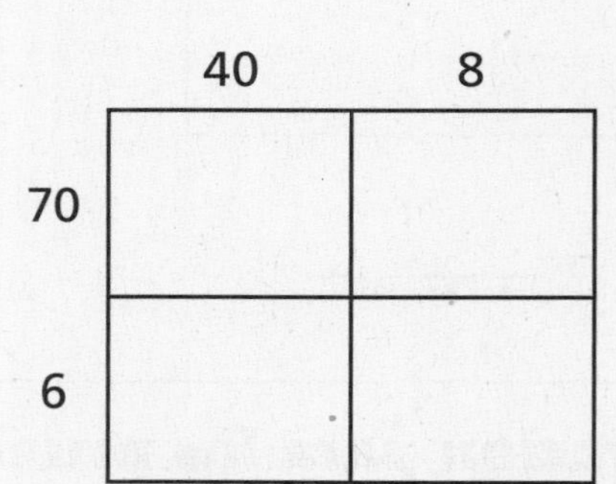

$$\begin{array}{r} 48 \\ \times\ 76 \\ \hline \\ \hline \end{array}$$

Preparación para las pruebas

4. Escribe un problema con palabras que se pueda representar con el enunciado numérico 19 × 36 = __?__. Luego resuélvelo.

____

____

Nombre ______________________ Fecha ______________

Escribir de forma más abreviada

1 Completa el crucigrama y la multiplicación.

×	20	8	28
40			
43	860	344	1,204

— 28 × 40 →
— 28 × ___ →
— 28 × 43 → 1, 2 0 4

```
    2 8
×   4 3
-------

-------
1, 2 0 4
```

2 Completa el modelo de área. Después completa el crucigrama y la multiplicación.

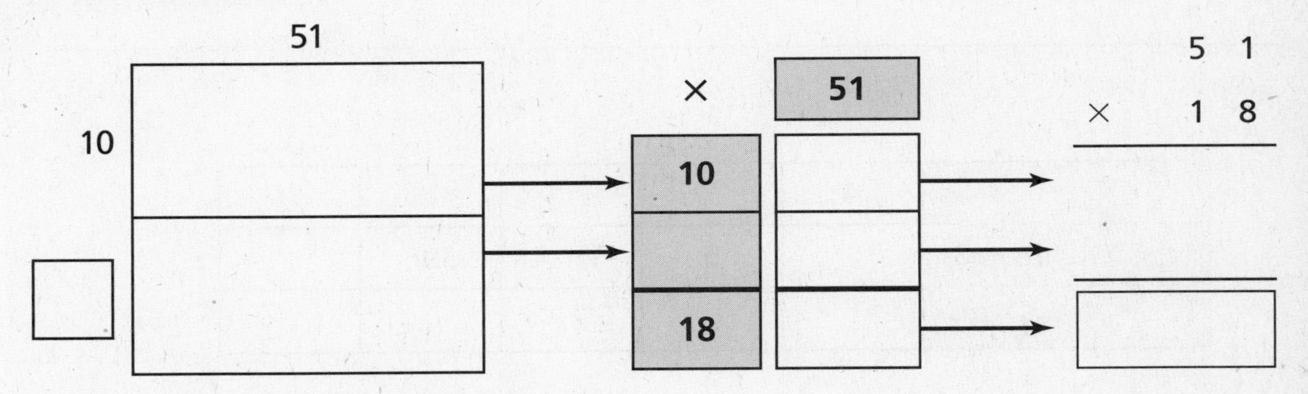

Preparación para las pruebas

3 ¿Cuál de las siguientes expresiones NO es igual a 86 × 24?

A. (80 × 24) + (6 × 24)
B. (80 × 6) + (20 × 4)
C. (20 × 86) + (4 × 86)
D. (24 × 6) + (24 × 80)

4 ¿Cuál de las siguientes expresiones NO dará el mismo resultado que 81 × 69?

A. 69 × 81
B. (80 + 1) × (9 + 60)
C. (60 + 9) + (80 + 1)
D. (81 × 60) + (81 × 9)

Nombre ______________________ Fecha ____________

Usar diferencias de números cuadrados

Completa las tablas.

1

a	7	9		40	
a^2			144		2,500

2

b	8		12	15	
$b^2 - 1$		99			899

3

c	4				11
$(c + 2) \times (c - 2)$		5		396	
$c^2 - 4$			21		

Preparación para las pruebas

4 Un determinado par de números da una suma de 25 y una diferencia de 9. Los números deben ser:

A. 5, 5
B. 17, 8
C. 25, 9
D. 9, 16

5 El cuadrado de un número se suma al cuadrado de otro número. El total es 41. Los números podrían ser:

A. 6, 2
B. 40, 1
C. 5, 4
D. 3, 5

Nombre ______________________ Fecha ______________

Multiplicar números grandes

Completa el modelo de área, el crucigrama y la multiplicación.

1

	200	60	7
40			
8			

267 × 48 = ________

2

×	200	40	8	248		
					248 ×	
					248 ×	
62					248 ×	62

$$\begin{array}{r} 2\ 4\ 8 \\ \times \quad 6\ 2 \\ \hline \end{array}$$

Preparación para las pruebas

3 La familia Gomez está planeando una fiesta en un restaurante. Invitaron a 51 adultos y 26 niños. Si cuesta $49 por adulto y $24 por niño, ¿cuánto gastarán en la fiesta? Explica cómo hallaste la respuesta.

____

____

____

____

Nombre ______________________ Fecha ____________

Hacer figuras en un plano de coordenadas

1. Marca y rotula cada punto y luego une $A \rightarrow B \rightarrow C \rightarrow D \rightarrow E \rightarrow A$.

Nombre	*A*	*B*	*C*	*D*	*E*
Coordenadas	(1,2)	(3,4)	(4,3)	(5,1)	(3,1)

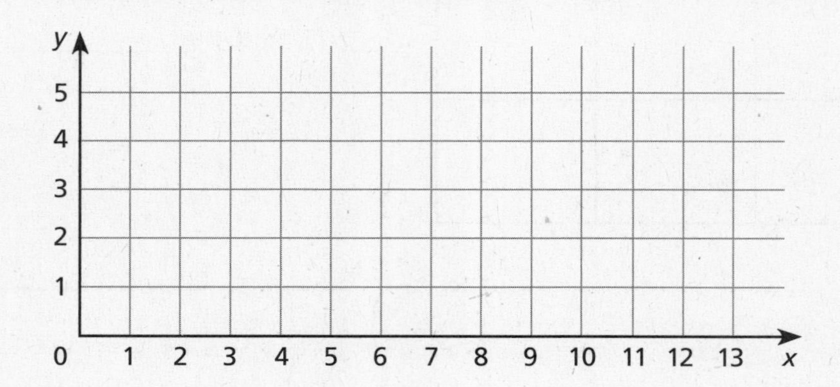

2. Completa la tabla para la regla dada.

Nombre	*A*	*B*	*C*	*D*	*E*
Coordenadas (x,y)	(1,2)	(3,4)	(4,3)	(5,1)	(3,1)
Nuevo par ordenado: sumar 7 a la primera coordenada ($x + 7$, y)					

3. Marca los puntos de las coordenadas que están en los nuevos pares ordenados. Une los nuevos puntos: $A \rightarrow B \rightarrow C \rightarrow D \rightarrow E \rightarrow A$.

Preparación para las pruebas

4. Jessica agregó $\frac{3}{4}$ de taza de piña, $\frac{2}{3}$ de taza de almendras picadas y $\frac{3}{5}$ de taza de arándanos secos a una ensalada. ¿Agregó más piña o arándanos secos? Explica cómo lo sabes.

____

____

____

Trasladar figuras en un plano de coordenadas

1. En la primera fila de la tabla de abajo, anota las coordenadas de cada vértice de la Figura F.

2. Desliza la Figura F cinco espacios hacia abajo. Dibújala y anota las nuevas coordenadas y la regla en la tabla. Rotula la nueva imagen Figura G.

3. Desliza la Figura G tres espacios hacia la derecha. Dibújala y anota las nuevas coordenadas y la regla en la tabla. Rotula la nueva imagen Figura H.

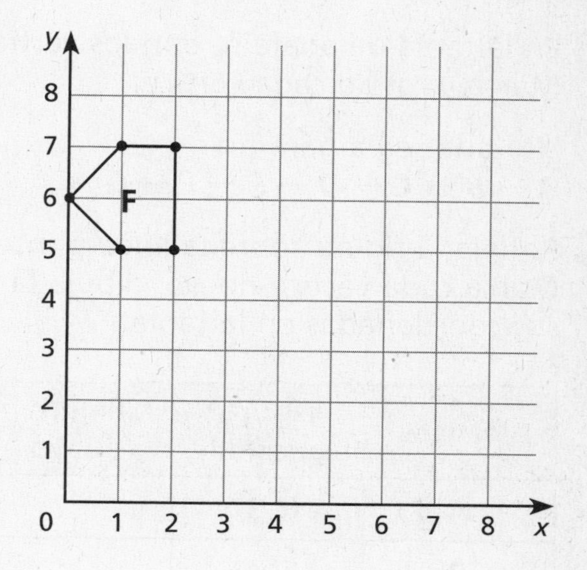

						Regla
F	(1,7)					(x,y)
G	(1,2)					
H						

Preparación para las pruebas

4. ¿Qué 2 figuras parecen congruentes? Explica cómo podrías comprobar para asegurarte de que son congruentes.

P

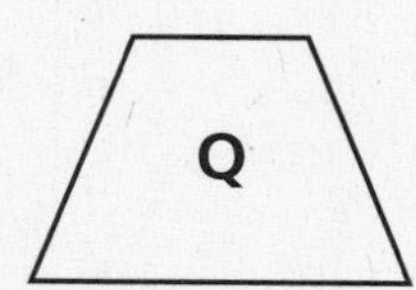

____

____

____

Nombre ______________________ Fecha __________

Reflejar figuras en un plano de coordenadas

1. En la tabla de abajo se dan los vértices de una figura. Marca y rotula cada vértice.
2. Usa una regla para unir $A \rightarrow B \rightarrow C \rightarrow D \rightarrow E \rightarrow F \rightarrow G \rightarrow A$.
3. Refleja la figura sobre la línea punteada horizontal. Marca cada vértice nuevo, dibuja la figura y escribe sus coordenadas en la tabla.

Vértices	Figura original	Figura nueva
A	(1,3)	
B	(2,4)	
C	(4,4)	
D	(5,3)	
E	(5,1)	
F	(3,2)	
G	(1,1)	

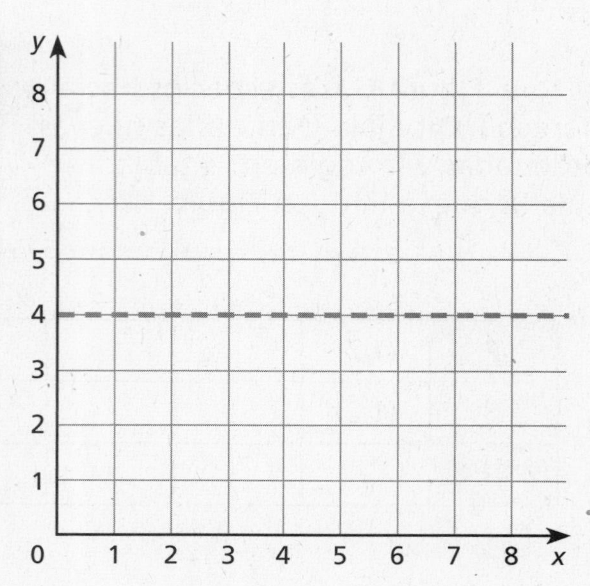

Preparación para las pruebas

Aaron hizo este mapa con algunos lugares de su vecindario.

4. ¿Qué par ordenado representa la ubicación de la escuela?

   A. (2,3) **C.** (4,5)
   B. (5,2) **D.** (5,4)

5. ¿Qué lugar está ubicado en (2,3)?

   A. La biblioteca **C.** La escuela
   B. El parque **D.** La casa

Nombre ______________________ Fecha __________

Rotar figuras en un plano de coordenadas

Las Figuras B, C y D son rotaciones de la Figura A alrededor de (4,4).

1. Completa la tabla de coordenadas para las Figuras C y D.

A	B	C	D
(4,6)	(2,4)		
(3,6)	(2,3)		
(3,5)	(3,3)		
(1,5)	(3,1)		(5,7)
(1,4)	(4,1)		(4,7)
(4,4)	(4,4)		(4,4)

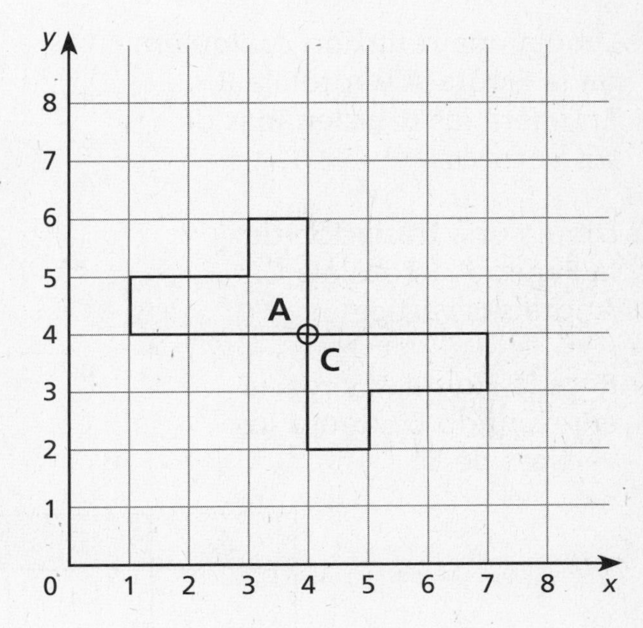

2. Dibuja y rotula las Figuras B y D en el plano de coordenadas.

Preparación para las pruebas

3. ¿El diagrama muestra una traslación, una reflexión o una rotación? Si es una rotación, muestra el punto alrededor del cual rota la figura. Si es una reflexión, muestra la línea sobre la cual se refleja. Si es una traslación, da instrucciones para indicar cuánto sumar o restar a cada coordenada.

____

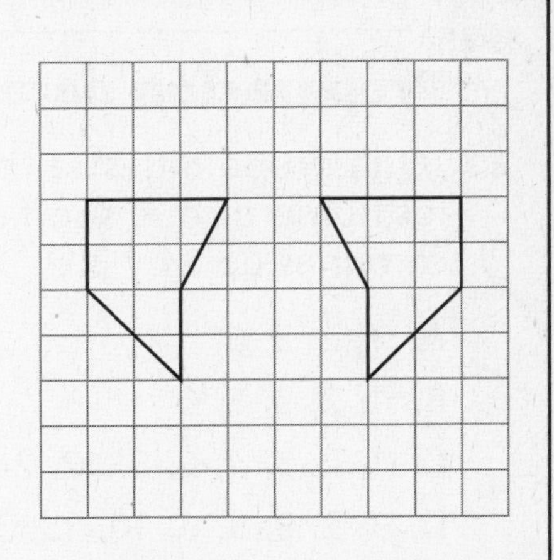

Nombre ______________________ Fecha ____________

Más transformaciones

1. Enumera las coordenadas de los vértices de la Figura A en la tabla.

2. Dibuja una reflexión cualquiera de la Figura A y rotúlala B. Enumera las coordenadas de sus vértices.

3. Dibuja una traslación de la Figura A y rotúlala C. Anota sus vértices.

4. Rota la Figura A y rotula el resultado D. Anota los vértices de D.

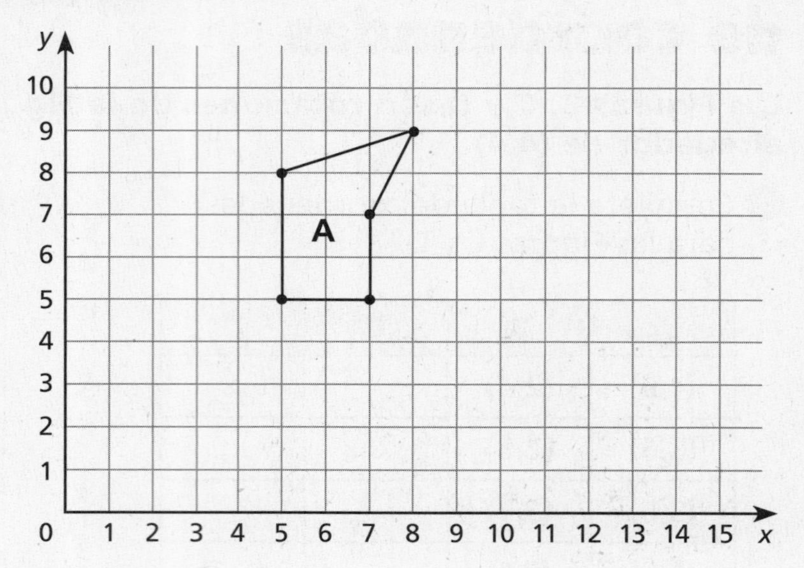

A	B	C	D

Preparación para las pruebas

5. ¿Qué grupo muestra todos los números que son factores comunes de 24 y 30?

A. 1, 2, 3, 6
B. 1, 2, 3, 5, 6
C. 1, 2, 3, 4, 6, 8, 12, 24
D. 1, 2, 3, 5, 6, 10, 15, 30

6. ¿Cuál es el máximo común divisor de 24 y 30?

A. 3
B. 6
C. 24
D. 30

Nombre ______________________ Fecha __________

Práctica
Lección 6

Hacer representaciones gráficas con números negativos

Para cada par de coordenadas, escribe la letra que rotula al punto.

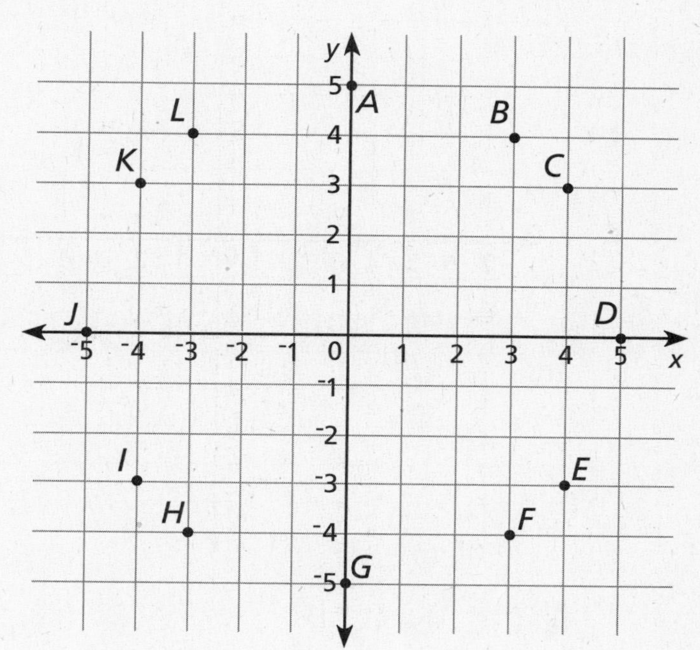

1. (4,3) C
2. (3,$^-$4) ____
3. ($^-$4,$^-$3) ____
4. ($^-$3,4) ____
5. (5,0) ____
6. (0,$^-$5) ____
7. ($^-$5,0) ____
8. (0,5) ____
9. (3,4) ____
10. (4,$^-$3) ____
11. ($^-$3,$^-$4) ____
12. ($^-$4,3) ____

Preparación para las pruebas

13. Rebecca tenía solo una taza para medir de $\frac{1}{4}$ para medir la harina de una receta de bollos dulces. Llenó seis veces la taza para medir. ¿Cuánta harina midió?

A. $1\frac{1}{4}$ tazas

B. $1\frac{1}{2}$ tazas

C. $1\frac{3}{4}$ tazas

D. $2\frac{1}{2}$ tazas

14. Jake pidió una pizza para el almuerzo y comió $\frac{3}{8}$ de la pizza. Se llevó el resto de la pizza a su casa. ¿Qué parte de la pizza se llevó a su casa?

A. $\frac{3}{8}$

B. $\frac{1}{2}$

C. $\frac{5}{8}$

D. $\frac{3}{4}$

Nombre ______________________________ Fecha ____________

Moverse en un plano de coordenadas

Dibuja los siguientes segmentos.

1. (−4,6) a (−3,5)
2. (−4,2) a (−2,1)
3. (−4,−2) a (−2,−2)
4. (−4,−5) a (−2,−5)
5. (4,6) a (4,3)
6. (4,1) a (4,0)
7. (3,−2) a (3,−4)
8. (2,6) a (2,3)
9. (2,2) a (2,−1)
10. (−1,6) a (1,6)
11. (−1,2) a (1,2)

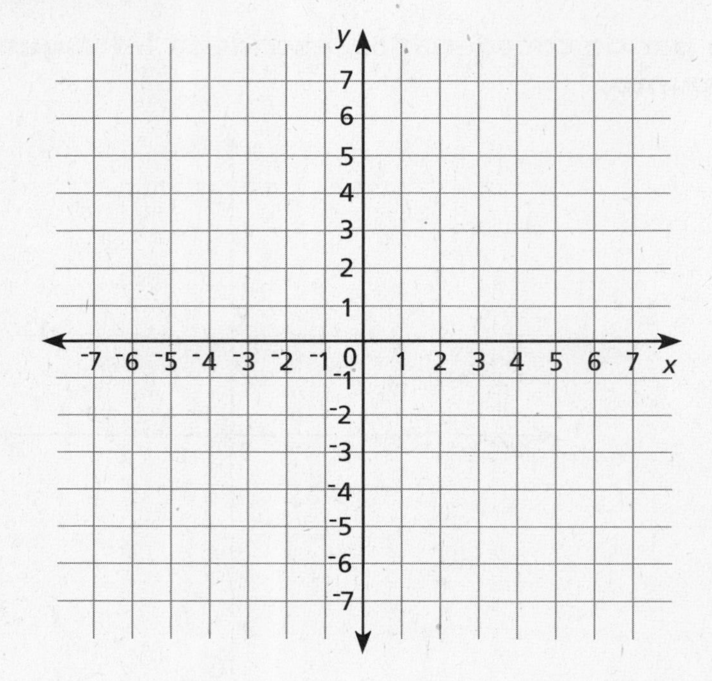

12. (−1,−2) a (1,−2)
13. (−2,0) a (−4,−1)
14. (0,−1) a (0,2)
15. (−1,6) a (−1,3)
16. (−4,2) a (−4,−1)
17. (−3,5) a (−2,6)
18. (−1,−1) a (1,−1)
19. (2,2) a (4,1)
20. (−1,3) a (1,3)
21. (0,−2) a (0,−5)
22. (−3,3) a (−3,5)
23. (4,0) a (2,−1)
24. (−3,−2) a (−3,−5)
25. (2,3) a (4,3)
26. (−2,0) a (−2,1)
27. (1,6) a (1,3)
28. Dibuja un punto grande en (3,−5)

Preparación para las pruebas

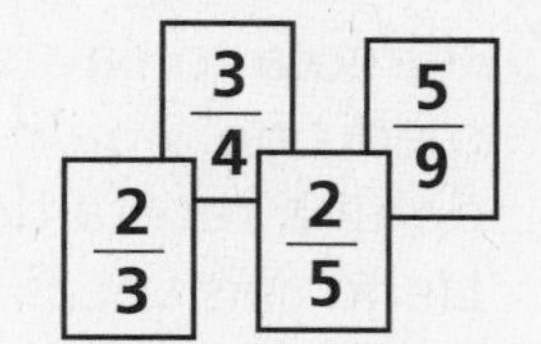

29. ¿Qué fracción es más cercana a $\frac{1}{2}$? Explica cómo lo decidiste.

____

____

____

Nombre ______________________ Fecha __________

Representar datos gráficamente

Un grupo de estudiantes quiso calcular APROXIMADAMENTE cuántas uvas pasas había en una caja pequeña. Contaron la cantidad de uvas pasas de 17 cajas. Estas son las cantidades que obtuvieron:

37, 33, 35, 36, 38, 34, 35, 38, 35, 37, 35, 33, 35, 35, 36, 37, 40.

1. Haz un diagrama de puntos para los datos.

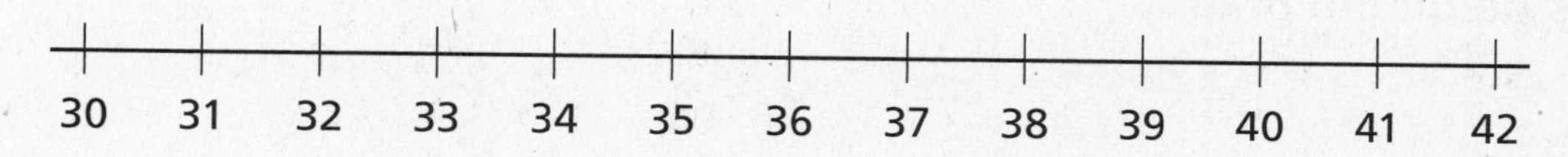

2. ¿Cuál es la mayor (máxima) cantidad de uvas pasas hallada? _____

3. ¿Cuál es la menor (mínima) cantidad de uvas pasas hallada? _____

4. ¿Cuál es la diferencia (rango) entre la mayor cantidad de uvas pasas y la menor cantidad de uvas pasas en una caja? _____

5. ¿Cuál es la cantidad de uvas pasas que se encontró con mayor frecuencia (la moda)? _____

Preparación para las pruebas

6. El campamento de verano abre durante diez semanas. A los campistas les sirven 3 comidas por día. ¿Cuántas comidas se sirven en las diez semanas?

   A. 30 comidas **C.** 210 comidas
   B. 150 comidas **D.** 250 comidas

7. Cada semana en el campamento de verano cuesta $79 por persona. Si al campamento van 27 niñas y 23 niños, ¿cuál es el costo total?

   A. $1,817 **C.** $3,590
   B. $2,133 **D.** $3,950

Nombre ________________ Fecha __________

¿Qué es típico?

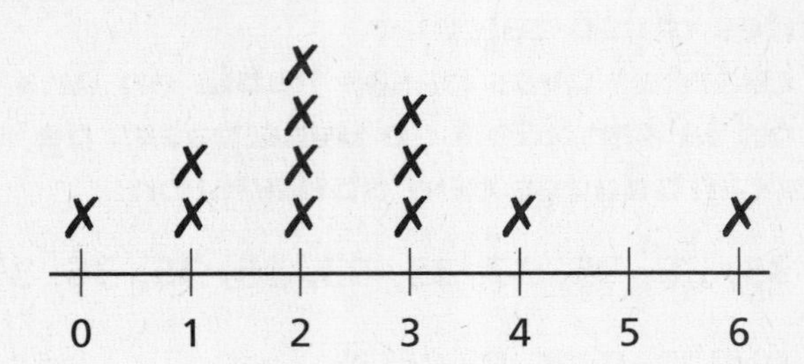

Usa el diagrama de puntos para decidir si los enunciados son *verdaderos* o *falsos*.

1. El título podría ser **"Edades de las madres de los niños de quinto grado".** __________

2. El rango es **6.** __________

3. La moda y la mediana son **2.** __________

4. El título podría ser **"Cantidad de porciones de frutas y vegetales por día".** __________

Preparación para las pruebas

5. Derek dibujó un triángulo. Los vértices del triángulo son (1,2), (3,2) y (2,–1). Si traslada el triángulo 2 espacios hacia la izquierda y 3 espacios hacia abajo, ¿cuáles serán las coordenadas del nuevo triángulo? Explica cómo lo sabes.

____

____

____

Nombre ______________________ Fecha ____________

Otra manera de describir lo que es típico

Responde todas las preguntas que puedas. Si la gráfica o la tabla no brindan una manera de calcular la respuesta, escribe "no se puede calcular".

1 Morgan hizo una gráfica para mostrar las edades de los niños de su vecindario que van desde kindergarten hasta quinto grado.

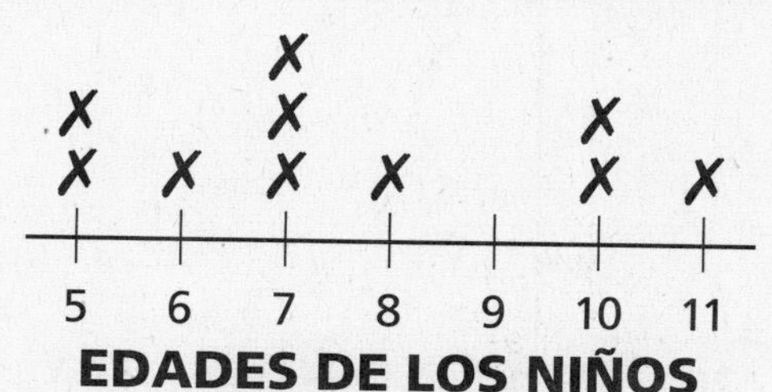

- ¿A cuántos niños representa la gráfica? ______
- ¿Cuál es la mediana de la edad? ______

2

LAS 9 CIUDADES MÁS POBLADAS DE ESTADOS UNIDOS EN 2003

Puesto y ciudad	2003
1 New York, NY	8,085,742
2 Los Angeles, CA	3,819,915
3 Chicago, IL	2,869,121
4 Houston, TX	2,009,690
5 Philadelphia, PA	1,479,339
6 Phoenix, AZ	1,388,416
7 San Diego, CA	1,266,753
8 San Antonio, TX	1,214,725
9 Dallas, TX	1,208,318

Fuente: *The World Almanac para niños,* 2006, World Almanac Books

- ¿Cuántas personas viven en Estados Unidos?

  ____

- ¿Cuál es la mediana de la población de las 9 ciudades más pobladas de Estados Unidos?

  ____

Preparación para las pruebas

3 ¿Qué enunciado NO es verdadero para este conjunto de datos?

10, 12, 14, 8, 14

A. La moda es mayor que el mínimo.
B. La mediana es mayor que la moda.
C. La moda es igual al máximo.
D. El rango es 6.

Nombre ______________________________ Fecha ______________

Leer gráficas y tablas

Bob hizo una encuesta para hallar las mascotas preferidas de algunos estudiantes de primer grado.

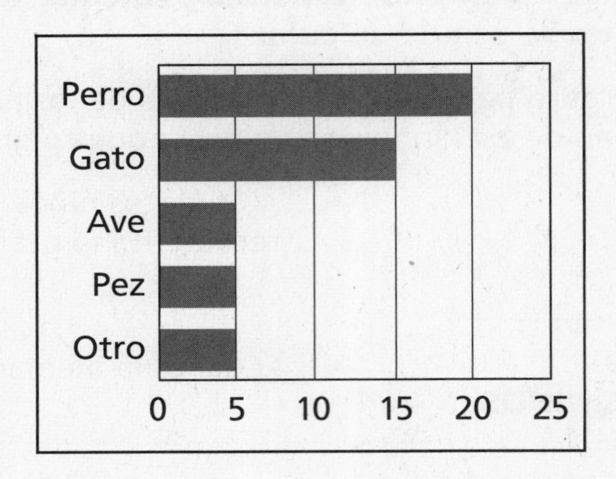

1. ¿Qué opción es la moda? ____________

2. ¿A cuántos estudiantes de primer grado se encuestó? ____________

3. ¿Cuántas personas más eligieron a los gatos que a las aves? ____________

Preparación para las pruebas

En el diagrama de puntos se muestran los resultados de la prueba de ortografía de algunos estudiantes.

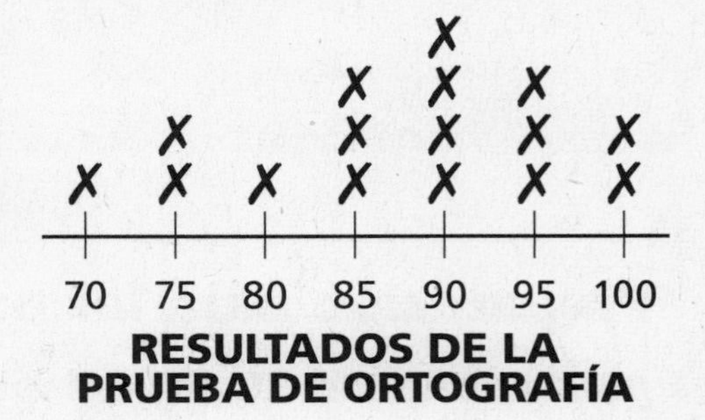

4. ¿Cuántos estudiantes obtuvieron una calificación de 80 puntos o más?

   A. 3 estudiantes **B.** 4 estudiantes **C.** 12 estudiantes **D.** 13 estudiantes

5. ¿Qué calificación obtuvieron 4 estudiantes?

   A. 85 **B.** 90 **C.** 95 **D.** 100

Nombre ______________________ Fecha ____________

Práctica
Lección 1

Investigar decimales

Escribe cualquier número que esté entre los dos números dados.

1. 10 ________ 11

2. 8.7 ________ 8.8

3. 0.5 ________ 0.6

4. 9.18 ________ 9.19

Escribe el número que esté justo entre los dos números dados.

5. 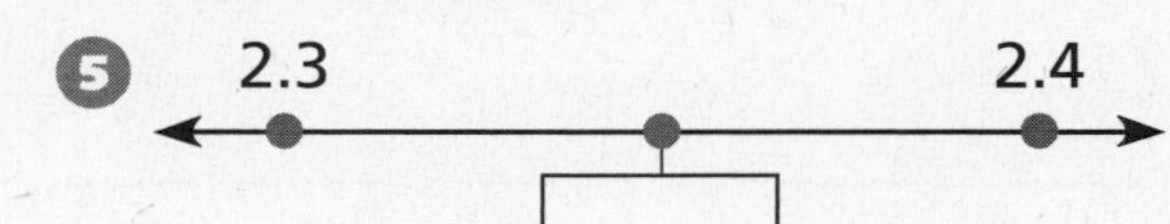

6. 8.6 — ☐ — 8.7

7. 31.41 — ☐ — 31.42

8. 8.60 — ☐ — 8.70

Preparación para las pruebas

9. ¿Qué número **no** podría ser común denominador de fracciones con denominadores de 6 y 8?

A. 24 **C.** 96
B. 12 **D.** 48

10. La tabla muestra los precios de las entradas a un museo. ¿Cuánto costarán las entradas para una clase de 23 estudiantes?

Entradas	3	7	11	15
Precios	$8.25	$19.25	$30.25	$41.25

A. $57.25 **C.** $63.25
B. $62.25 **D.** $68.50

Nombre ______________________ Fecha ____________

Comparar y ordenar decimales

Escribe >, < o = para completar los enunciados numéricos.

1. 5.2 ◯ 5.18	2. 17.04 ◯ 17.040	3. 29.604 ◯ 29.8
4. 63.406 ◯ 63.60	5. 89.8 ◯ 89.088	6. 1.976 ◯ 19.760
7. 360.48 ◯ 360.481	8. 46.55 ◯ 46.550	9. 101.6 ◯ 101.59

10. Ordena los números de menor a mayor.

12.34 2.341 2.413 4.123 42.31 32.24 32.41

_______ _______ _______ _______ _______ _______ _______

Preparación para las pruebas

11. ¿Cuál **no** es una fracción para la parte sombreada?

A. $\frac{1}{3}$

B. $\frac{2}{6}$

C. $\frac{3}{9}$

D. $\frac{3}{6}$

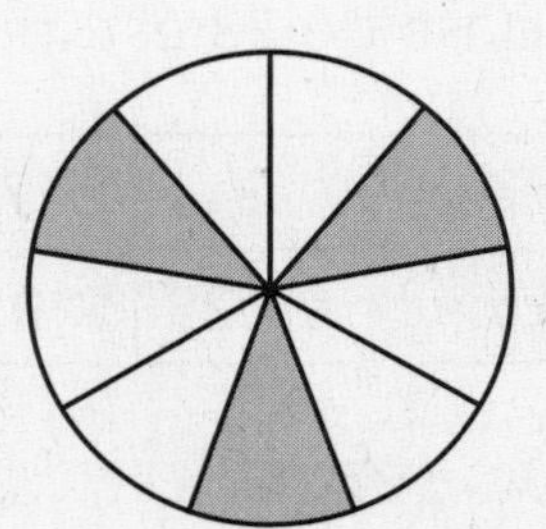

12. El domingo Ben comenzó un programa de ejercicios levantando pesas. El lunes salió a correr. Correrá cada tres días y levantará pesas cada cinco días. ¿Qué día de la semana hará las dos actividades juntas por primera vez?

A. Martes **C.** Jueves
B. Miércoles **D.** Viernes

Números grandes y pequeños

Ordena los números de mayor a menor.

1

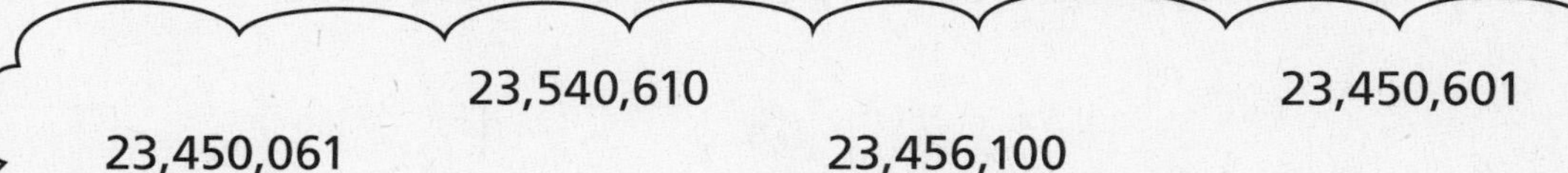

23,540,610 23,450,601
23,450,061 23,456,100

_______ _______ _______ _______

2

5.5 5.1 5.8
5.21 5.12

_______ _______ _______ _______ _______

3

10.05 10.005
10.500 10.055

_______ _______ _______ _______

Preparación para las pruebas

4 ¿Qué fracción corresponde a la parte sombreada del diagrama?

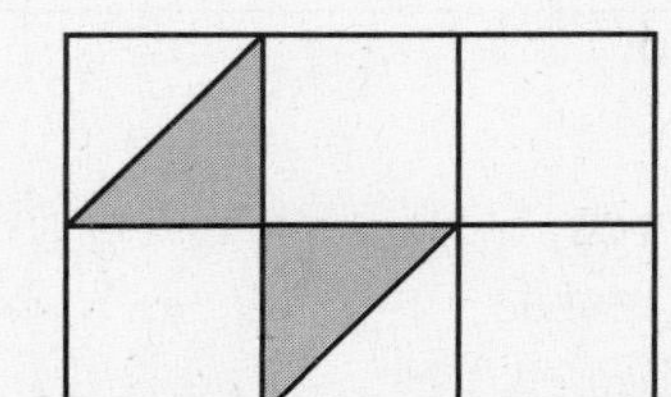

A. $\frac{2}{12}$

B. $\frac{2}{10}$

C. $\frac{2}{8}$

D. $\frac{2}{6}$

5 Una habitación tiene 31 filas de 31 sillas. Se agrega una fila y se quita una silla de cada fila. ¿Cuál es la única expresión que **no** muestra cuántas sillas habrá?

A. $(31 + 1) \times (31 - 1)$

B. $31 \times 31 - 1$

C. $(31 - 1) \times 31$

D. 32×30

Nombre ______________________ Fecha ____________

Práctica
Lección 4

Relacionar decimales y fracciones

Completa la notación de fracción (sobre el dibujo) y la notación decimal (debajo del dibujo) que corresponden a los bloques.

Ejemplo

$2 + \frac{4}{10} + \frac{5}{100} = 2\frac{45}{100}$

1 (unidad)	10 (décimas)	100 (centésimas)

2 • 4 5

1 $\square + \frac{\square}{10} + \frac{3}{100} = \frac{\square}{100}$

1 (unidad)	10 (décimas)	100 (centésimas)

☐ • ☐ ☐

2

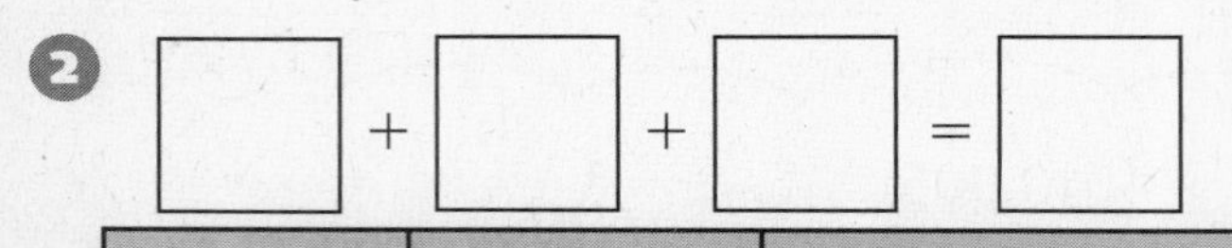

☐ + ☐ + ☐ = ☐

1 (unidad)	10 (décimas)	100 (centésimas)

☐ • ☐ ☐

3

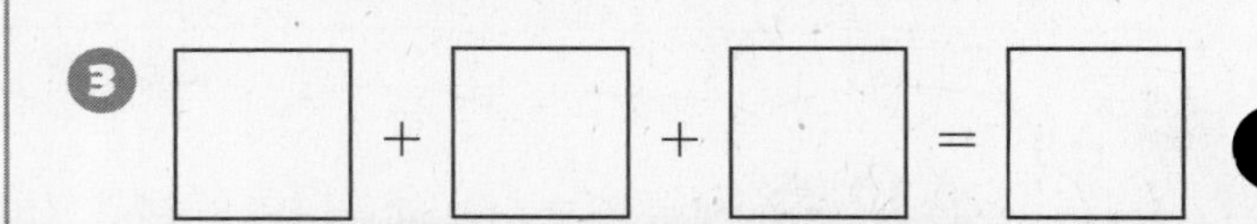

☐ + ☐ + ☐ = ☐

1 (unidad)	10 (décimas)	100 (centésimas)

☐ • ☐ ☐

Preparación para las pruebas

4 Lucie tardó más de 31.5 segundos en nadar 50 metros, pero menos de 31.6 segundos. Menciona tres respuestas para el tiempo que podría haber tardado. Explica tu respuesta.

____

____

Nombre ______________________ Fecha __________

Relacionar decimales y otras fracciones

Escribe fracciones y decimales equivalentes.

1. $\frac{1}{5} = \frac{\square}{10} = 0.$ ____

2. $\frac{4}{5} = \frac{\square}{10} = 0.$ ____

3. $\frac{1}{4} = \frac{\square}{100} = 0.$ ____

4. $\frac{3}{4} = \frac{\square}{100} = 0.$ ____

5. $\frac{1}{20} = \frac{\square}{100} = 0.$ ____

6. $\frac{3}{20} = \frac{\square}{100} = 0.$ ____

7. Escribe los números mixtos sobre la recta numérica y los decimales correspondientes abajo.

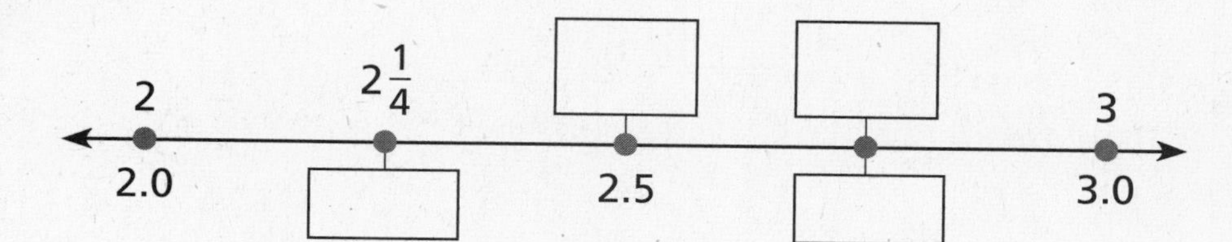

Preparación para las pruebas

8. Erika tiene $15.09. ¿Que respuesta **NO** podría ser verdadera?

A. Tiene 12 dólares, 26 décimas de dólar y 49 centésimas de dólar.
B. Tiene 12 dólares, 26 monedas de 10¢ y 49 monedas de 1¢.
C. Tiene 12 dólares, 10 monedas de 25¢, 5 monedas de 10¢ y 9 monedas de 1¢.
D. Tiene 15 dólares y 9 décimas de dólar.

9. Jackie tiene 24 marcadores y 40 lápices para colocar en bolsas. Cada bolsa debe tener la misma cantidad de marcadores y la misma cantidad de lápices. ¿Cuál es la mayor cantidad de bolsas que puede llenar si usa todos los marcadores y lápices?

A. 2
B. 3
C. 8
D. 12

Estimar decimales usando fracciones conocidas

Crea diseños sombreando algunas de las centésimas. Anota las fracciones y los decimales.

1. 

$\frac{\square}{100} = 0.$ ______

2. 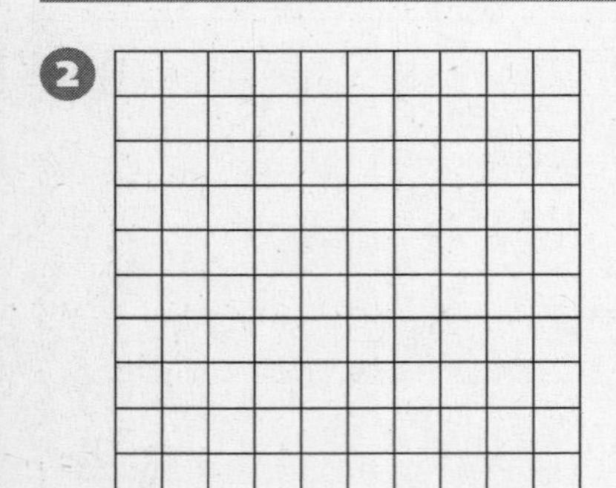

$\frac{\square}{100} = 0.$ ______

Preparación para las pruebas

3. ¿Qué punto está rotulado incorrectamente en la recta numérica?

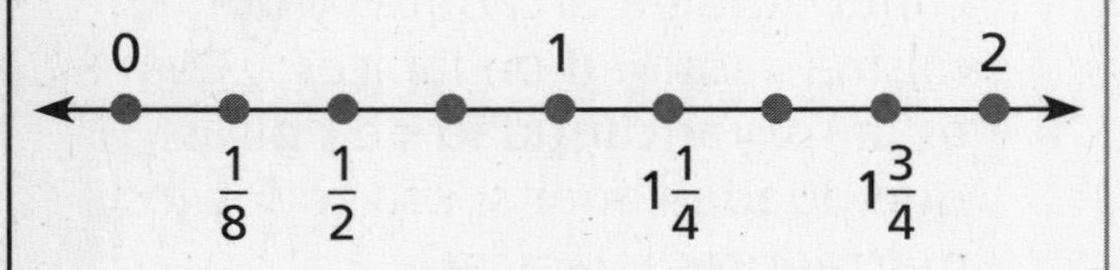

A. $\frac{1}{8}$

B. $\frac{1}{2}$

C. $1\frac{1}{4}$

D. $1\frac{3}{4}$

4. Un insecto está sentado sobre el punto $1\frac{3}{4}$ de la recta numérica. Comienza a desplazarse hacia 0 a un ritmo de $\frac{1}{4}$ de unidad cada 10 segundos. ¿Cuánto tardará en llegar a 0?

A. 50 segundos

B. 1 minuto

C. 1 minuto 10 segundos

D. 1 minuto 20 segundos

Nombre ________________________ Fecha ____________

Estimar decimales usando el redondeo

Redondea cada número al número entero más cercano.

1. 42.83 → ______
2. 160.09 → ______
3. 109.6 → ______

Redondea cada número a la décima más cercana.

4. 2.03 → ______
5. 8.75 → ______
6. 16.98 → ______

Redondea cada número a la centésima más cercana.

7. 4.616 → ______
8. 9.002 → ______
9. 12.123 → ______

Preparación para las pruebas

10. Ryan compró cuatro artículos que costaron \$12.29, \$16.45, \$1.99 y \$9.49.

¿Cuál es la **mejor** estimación de la cantidad que pagó?

A. entre \$33 y \$35
B. entre \$35 y \$37
C. entre \$37 y \$39
D. entre \$39 y \$41

11. Una fábrica produce 5,712 bocadillos. ¿Cuál es la única manera en la que **no** se pueden empaquetar los bocadillos si se usan todos?

A. paquetes de 9
B. paquetes de 6
C. paquetes de 3
D. paquetes de 2

Nombre ______________________ Fecha __________

Sumar con decimales

Completa los enunciados numéricos.

1. 6 + 4.6 = ______

   6.7 + 4 = ______

   6.7 + 4.6 = ______

   67 + 46 = ______

   0.67 + 0.46 = ______

2. 5.3 + 2 = ______

   5 + 2.8 = ______

   $\begin{array}{r} 5.3 \\ +\ 2.8 \\ \hline \end{array}$ $\quad$ $\begin{array}{r} 53 \\ +\ 28 \\ \hline \end{array}$ $\quad$ $\begin{array}{r} 0.53 \\ +\ 0.28 \\ \hline \end{array}$

3. 4.6 + 3 = ______

   4 + 3.8 = ______

   4.6 + 3.8 = ______

   4.6 + 0.38 = ______

   46 + 38 = ______

   $\begin{array}{r} 0.46 \\ +\ 0.38 \\ \hline \end{array}$ $\quad$ $\begin{array}{r} 0.046 \\ +\ 0.038 \\ \hline \end{array}$ $\quad$ $\begin{array}{r} 0.46 \\ +\ 3.8 \\ \hline \end{array}$

Preparación para las pruebas

4. El piso de la cocina de Renee es un rectángulo que tiene un área mayor que 60 pies cuadrados, pero menor que 70 pies cuadrados. Cada dimensión del piso es mayor que 6 pies y el piso está perfectamente revestido con baldosas cuadradas de 1 pie, ninguna de las cuales ha sido cortada. ¿Cuál podría ser el área? Explica.

____

____

____

____

Nombre ______________________ Fecha ____________

Restar con decimales

Completa los enunciados numéricos.

1

$6.7 - 4 =$ ______

$6 - 4.6 =$ ______

$6.7 - 4.6 =$ ______

$67 - 46 =$ ______

$0.67 - 0.46 =$ ______

2

$5.3 - 2 =$ ______

$5.3 - 2.8 =$ ______

$53 - 28 =$ ______ $0.53 - 0.28 =$ ______ $5 - 2.8 =$ ______

3

$4.4 - 3 =$ ______

$4 - 3.3 =$ ______

$4.4 - 3.3 =$ ______

$44 - 33 =$ ______

$0.44 - 0.33 =$ ______

4

$8.2 - 6 =$ ______

$8 - 6.8 =$ ______

$8.2 - 6.8 =$ ______ $82 - 68 =$ ______ $0.82 - 0.68 =$ ______

Preparación para las pruebas

5 Siete de los 56 músicos de la banda de la Escuela Somer son bateristas. En la banda de la Escuela Euclid, la misma fracción son bateristas. Euclid tiene 10 bateristas. ¿Cuántos músicos hay en la banda de la Escuela Euclid? Explica cómo hallaste tu respuesta.

____

____

____

Nombre ______________________ Fecha ____________

Sumar y restar decimales

Suma o resta.

1. 2.5 + 3.7 = __________
2. 8.16 + 1.3 = __________
3. 5.2 + 0.85 = __________
4. 12.00 − 2.5 = __________
5. 9.9 − 6.09 = __________
6. $\begin{array}{r} 25.9 \\ -\ 17.82 \\ \hline \end{array}$
7. $\begin{array}{r} 0.973 \\ +\ 3.6458 \\ \hline \end{array}$

Estima.

8. 5.007 + 6.8395 __________
9. 2.83 − 0.009 __________
10. 1.56 + 1.47 __________
11. 20.85 − 9.999 __________
12. 17.631 − 5.9 __________
13. 8.025 + 1.75 __________
14. 35.72 + 64.082 __________
15. 56.987 − 42.9 __________

Preparación para las pruebas

16. Explica cómo determinar si 0.087 es equivalente a 0.0807. __________

Nombre ______________________ Fecha __________

Multiplicar con decimales

Primero, encierra en un círculo la mejor estimación. Luego, calcula una respuesta exacta.

1. 6.2×8 está más cerca de
   48
   4.8

2. 4.6×0.7 está más cerca de
   28
   2.8

3. 0.53×6 está más cerca de
   3
   30

4. 2.41×3.3 está más cerca de
   60
   6

5. 0.36×9 está más cerca de
   0.4
   4

6. 17.3×0.3 está más cerca de
   50
   5

7. 29.6×2.1 está más cerca de
   6
   60

8. 0.67×16.3 está más cerca de
   1.2
   12

Preparación para las pruebas

9. ¿Cuál de estos enunciados es verdadero?

   A. $\frac{1}{2} > 0.6$

   B. $0.23 < \frac{1}{4}$

   C. $\frac{1}{3} < 0.3$

   D. $\frac{3}{4} > 0.812$

10. Las naranjas se empaquetan de a 144 por cajón y las manzanas de a 96 por cajón. Un camión puede transportar 90 cajones de naranjas y 60 cajones de manzanas. ¿Cuál es la máxima cantidad de frutas que un camión puede transportar?

    A. 16,820 **C.** 17,780
    B. 17,620 **D.** 18,720

Nombre ______________________ Fecha __________

Explorar los factores que faltan

A =	10	20	30	40	50	60	70	80	90
B =	1	2	3	4	5	6	7	8	9

Completa los crucigramas y los enunciados numéricos. Usa un sello del Grupo A y uno del Grupo B.

1

	A	B	
×	20		
3			84

3 × _____ = 84

2

	A	B	
×		2	
5	200		210

5 × _____ = 210

3

	A	B	
×		7	
6	420		462

6 × _____ = 462

4

	A	B	
×		7	
10			170
4	40		
14		98	238

Preparación para las pruebas

5 La familia Haskell ha estado viajando a 60 millas por hora durante 3 horas. Todavía tienen que recorrer 45 millas antes de llegar a la playa. ¿De cuántas millas es el viaje completo a la playa? Explica cómo hallaste la respuesta.

____

____

____

____

Nombre ______________________ Fecha ____________

Relacionar la multiplicación con la división

1. Cada uno de estos rectángulos debería estar rotulado con su área (adentro) y las longitudes de sus lados. Completa los valores que faltan.

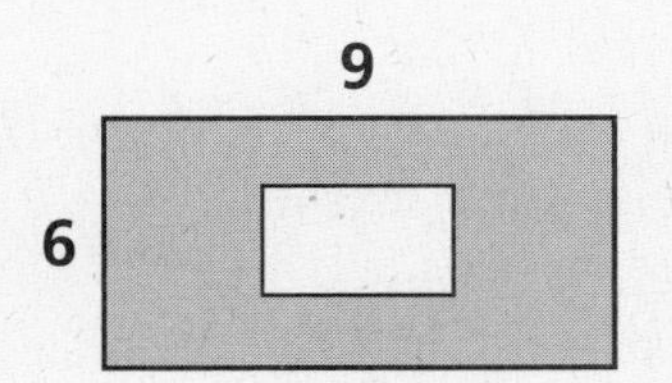

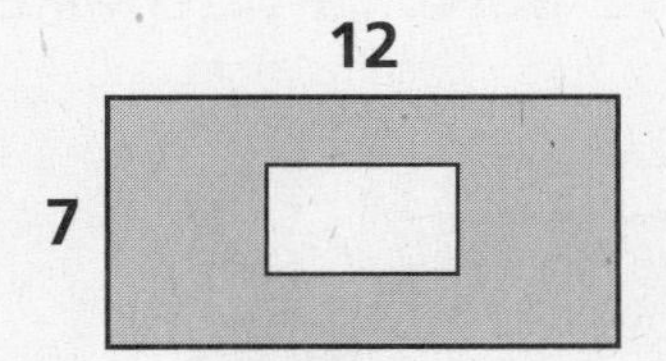

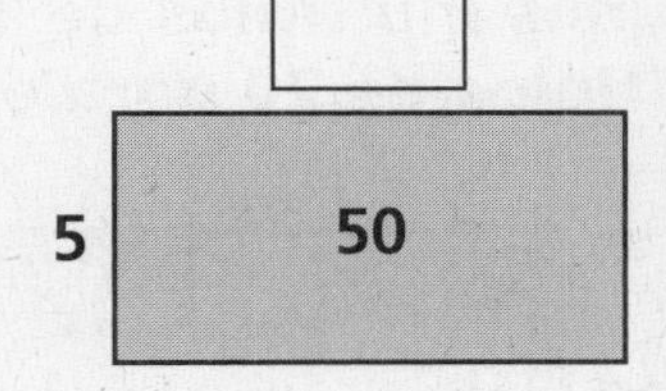

2. Completa los números que faltan.

×	7
9	

×	7
	42

$9\overline{)81}$

$11\overline{)110}$

$12\overline{)}$ (cociente: 12)

$10\overline{)140}$

$13\overline{)260}$

3. Usa cada problema para ayudarte con los problemas relacionados.

$12\overline{)24}$ y $12\overline{)120}$ → $12\overline{)144}$ → $6\overline{)144}$ → $6\overline{)288}$

$11\overline{)}$ (cociente: 10) → $11\overline{)220}$ → $11\overline{)}$ (cociente: 30) → $22\overline{)330}$

Preparación para las pruebas

4. Quince minutos después de la hora que muestra el reloj, Marcie empezó a cenar. Terminó de cenar a las 6:10 P.M. ¿Cuánto tiempo estuvo cenando?

A. 25 minutos
B. 30 minutos
C. 35 minutos
D. 40 minutos

Nombre ______________________ Fecha __________

Dividir usando la multiplicación y el modelo de área

Esta vez hay diecinueve filas. ¿Cuántos cuadrados hay por fila? Para hacer tu trabajo más sencillo, enumera algunos múltiplos de 19 que te parezcan útiles o usa múltiplos de 20 para estimar.

1

19) 570

2

19) 589

3

19) 988

4

19) 1,995

Preparación para las pruebas

5 Shira tiene menos de 500 monedas de 1¢. Puede dividirlas equitativamente en 2 pilas, 3 pilas, 4 pilas, 5 pilas, 6 pilas o 7 pilas. ¿Cuántas monedas de 1¢ tiene?

A. 240 **C.** 350
B. 300 **D.** 420

Nombre ____________________ Fecha ____________

Práctica
Lección 4

Anotar los pasos en la división

1. Completa la tabla de múltiplos de 27.

×	1	2	4	5	8	10	20	40	50	80
27										

2. Completa el modelo de área y la anotación de división.

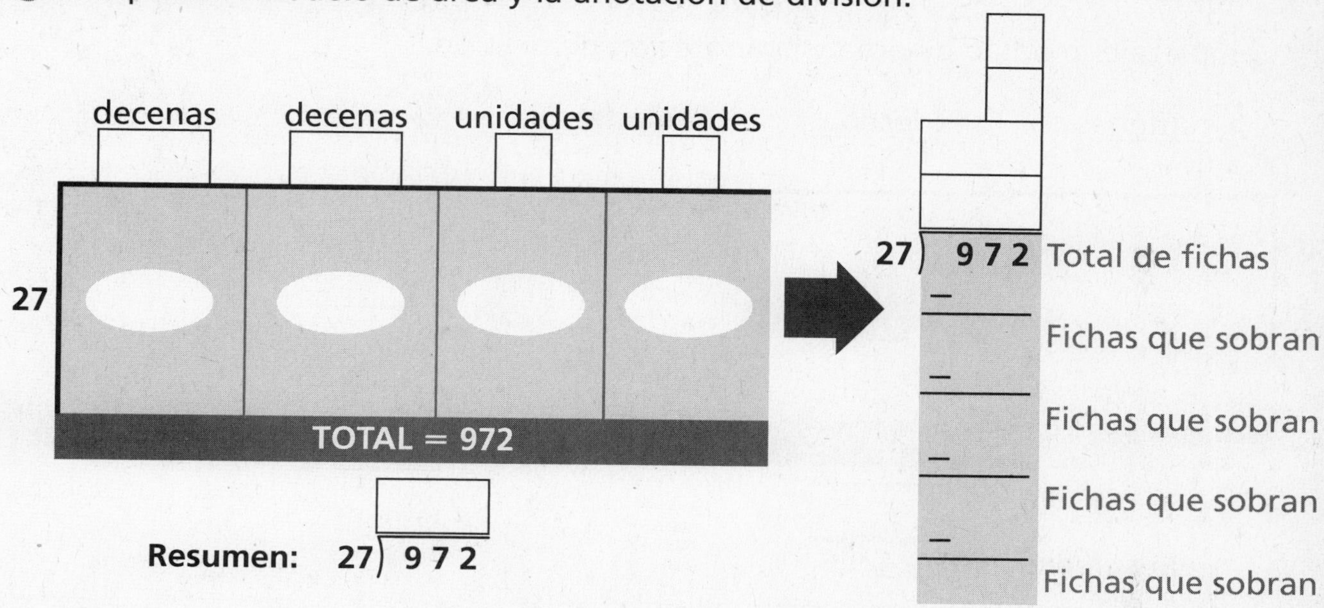

3. Resuelve estos problemas en una hoja aparte.

27) 6 2 1   27) 9 1 8   27) 2, 1 8 7   27) 1, 8 0 9

Preparación para las pruebas

4. Las hamburguesas vienen en paquetes de 6 y los panes para hamburguesas, en paquetes de 8. Si Shane compra 5 paquetes de hamburguesas y suficientes panes, ¿cuál es la menor cantidad de panes que le sobrarán? Explica cómo lo sabes.

____

____

Nombre ______________________ Fecha ____________

Dividir y anotar eficientemente la división

1. Completa la tabla de múltiplos de 31.

×	1	2	3	4	5	6	7	8	9
31									

2. Completa el modelo de área y la anotación de división.

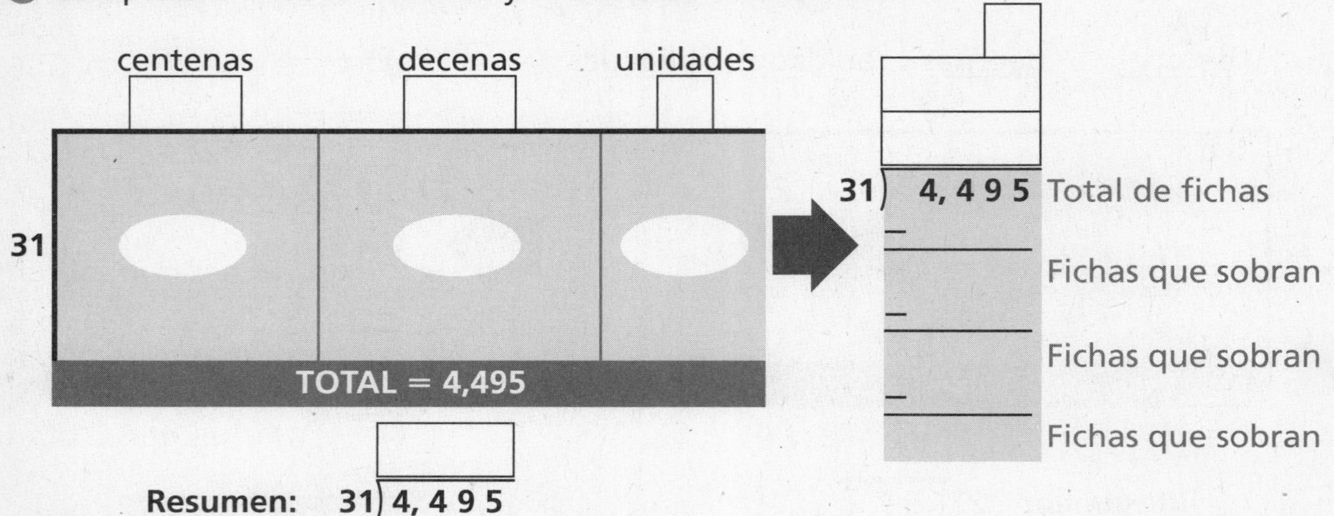

3. Resuelve estos problemas en una hoja aparte.

$31\overline{)651}$ $31\overline{)899}$ $31\overline{)1,209}$ $31\overline{)1,767}$

Preparación para las pruebas

4. ¿Cuál de estos problemas tiene el mayor cociente? Intenta responder sin calcular realmente los cocientes.

A. $27\overline{)972}$
C. $27\overline{)945}$
B. $36\overline{)972}$
D. $36\overline{)900}$

5. ¿Cuál de estos problemas tiene el mayor divisor?

A. 40, ■$\overline{)800}$
C. 50, ■$\overline{)800}$
B. 41, ■$\overline{)820}$
D. 32, ■$\overline{)800}$

Nombre ______________________ Fecha ____________

Usar la multiplicación para comprobar la división

1. Completa la tabla de múltiplos de 47¢, o $0.47. Duplica y suma para ahorrar trabajo.

×	1	2	3	4	5	6	7	8	9
47¢	$0.47	$0.94	$1.41						

Usa los múltiplos para calcular el costo de diferentes cantidades de objetos que cuestan 47¢ cada uno.

2. 40 a 47¢ cada uno $ 18.80
   5 a 47¢ cada uno $ ____
   45 a 47¢ cada uno $ ____

3. 30 a 47¢ cada uno $ 14.10
   6 a 47¢ cada uno $ ____
   36 a 47¢ cada uno $ ____

4. 20 a 47¢ cada uno $ ____
   6 a 47¢ cada uno $ ____
   26 a 47¢ cada uno $ ____

5. 90 a 47¢ cada uno $ ____
   9 a 47¢ cada uno $ ____
   99 a 47¢ cada uno $ ____

¿Cuántos objetos de 47¢ se pueden comprar con las tres cantidades que se muestran abajo? Divide para hallar la respuesta. Si necesitas más espacio, haz el trabajo en una hoja aparte y escribe aquí los resúmenes.

6. $0.47)$ 7. 9 9

7. $0.47)$ 1 6. 9 2

8. $0.47)$ 2 1. 1 5

Preparación para las pruebas

9. Hay una caja grande de cartón sobre una mesa. El área de uno de los lados de la caja es de 3 pies cuadrados. La altura de la caja es de 3 pies. Marca todas los enunciados que puedan ser verdaderos.

A. El volumen es de 9 pies cuadrados.
B. La caja es un cubo.
C. El perímetro es de $4\frac{1}{2}$ pies cúbicos.
D. Las dimensiones de la base son 3 pies por 1 pie.

Nombre ______________________ Fecha ____________

Investigar los residuos

Observa el ejemplo para ver cómo está rotulado. Completa los números que faltan y los enunciados numéricos para los otros modelos de área.

EJEMPLO

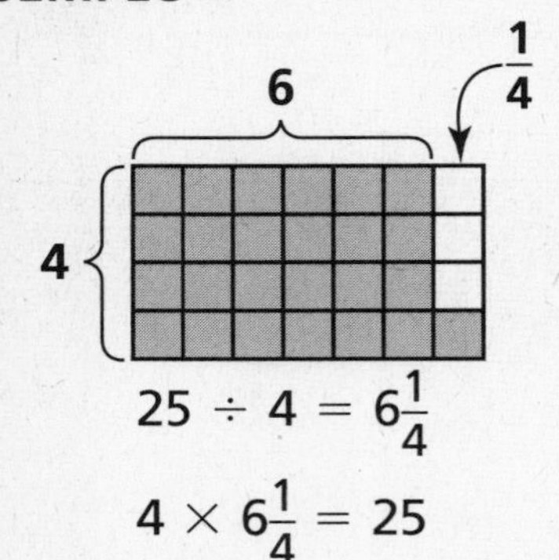

$25 \div 4 = 6\frac{1}{4}$

$4 \times 6\frac{1}{4} = 25$

1

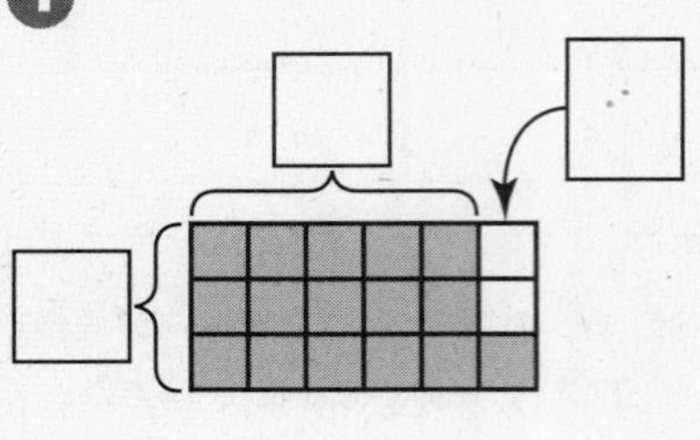

______ $\div$ 3 = ______

______ $\times$ ______ = 16

2

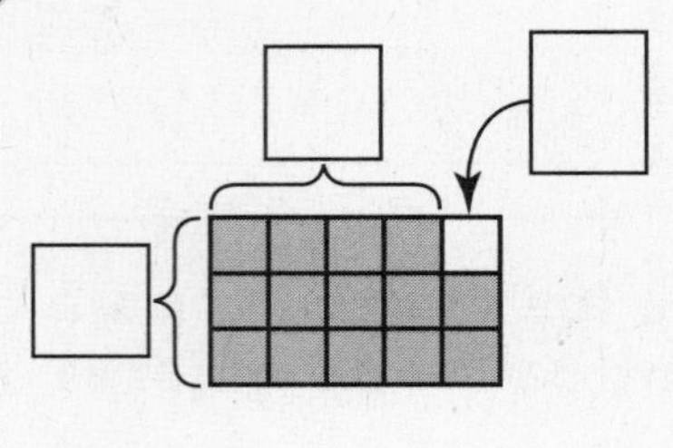

____

____

3

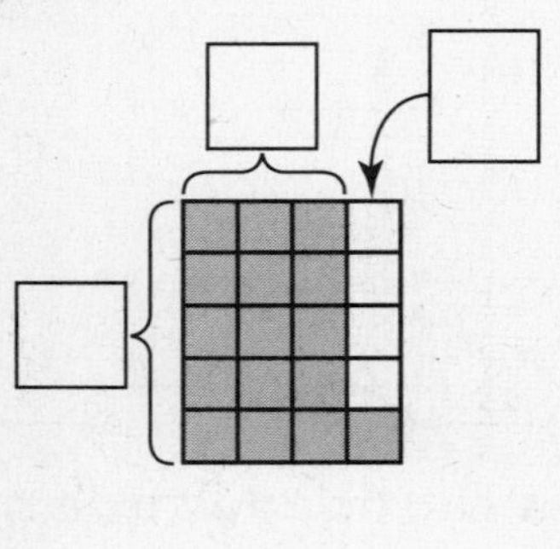

____

____

4

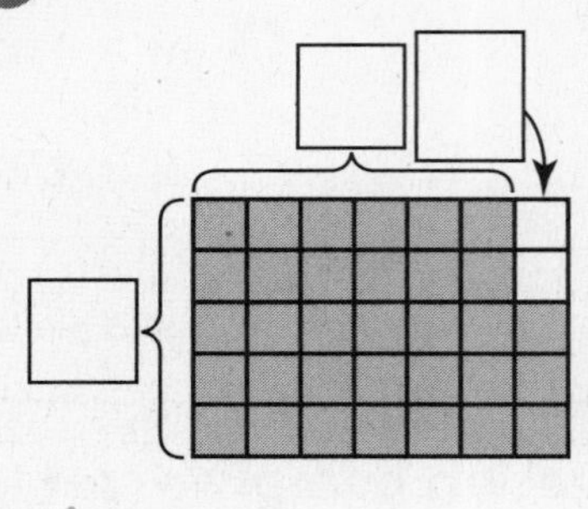

____

____

5

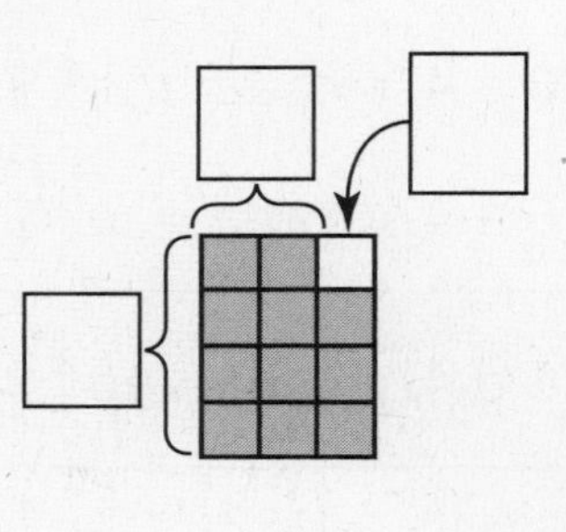

____

____

Preparación para las pruebas

6 Ben compró 4 paquetes de sellos. Cada paquete contenía 100 sellos. Dispuso la misma cantidad de sellos en 5 páginas. ¿Cuántos sellos dispuso en cada página? Explica cómo lo sabes.

____

____

____

Nombre ______________________ Fecha __________

Interpretar los residuos en problemas con palabras

Lee las historias y resuelve los problemas dibujando un diagrama o escribiendo una anotación. ¿Qué haces con el residuo: ignorarlo o incluirlo como una fracción o un decimal?

1. ¡No creerías lo hambrientos que estaban hoy Lydia, Arthur, Ray y Katy! Si reparten 5 pizzas pequeñas en partes iguales, ¿qué cantidad de pizza recibirá cada uno?

   ____

   ¿Qué deberías hacer con el residuo? ______________

2. Graham está descargando una caja de doce docenas de libros en edición rústica en una estantería. Cada estante tiene capacidad para 25 libros. ¿Cuántos estantes completos llenarán estos libros?

   ____

   ¿Qué deberías hacer con el residuo? ______________

Preparación para las pruebas

3. Si hay 7 yardas de cinta en un rollo completo, ¿cuántos pies de cinta hay en 5 rollos completos?

   A. 35 **C.** 105
   B. 12 **D.** 21

4. ¿Cuál de las siguientes multiplicaciones daría la mejor estimación para 77×93?

   A. 80×100 **C.** 70×100
   B. 70×90 **D.** 80×90

Nombre ______________________ Fecha __________

Otra opción para interpretar los residuos

Resuelve. Decide qué hacer cuando hay un residuo: ignorarlo (redondear hacia abajo), incluirlo como una fracción o un decimal o redondear hacia arriba. Muestra tu trabajo.

1. Algunas camionetas pueden transportar 7 personas. ¿Cuántas camionetas con capacidad para 7 pasajeros se necesitarán para llevar a 18 personas a un museo?

   Solución: ______ camionetas

   ¿Qué deberías hacer con el residuo? ______________________

---

2. Hay 350 asientos en el auditorio donde se llevará a cabo la graduación de quinto grado. Si cada uno de los 58 estudiantes de quinto grado recibe la misma cantidad de entradas, ¿cuántas entradas recibirá cada estudiante?

   Solución: ______ entradas

   ¿Qué deberías hacer con el residuo? ______________________

---

3. Una clase de estudiantes de quinto grado vendió pizzas caseras de queso para recaudar fondos. Vendieron 20 pizzas y recaudaron $165. Si el precio de cada pizza era el mismo, ¿cuánto costaba cada pizza?

   Solución: ______

   ¿Qué deberías hacer con el residuo? ______________________

Preparación para las pruebas

4. Alvin tiene menos de 100 monedas de 1¢. Descubrió que podía dividirlas equitativamente en 2 pilas, 3 pilas, 4 pilas, 5 pilas o 6 pilas. ¿Cuántas monedas de 1¢ tenía? Explica cómo lo sabes.

   ____

   ____

Investigar ángulos

Indica si los ángulos marcados parecen *agudos, rectos* u *obtusos*.

1. 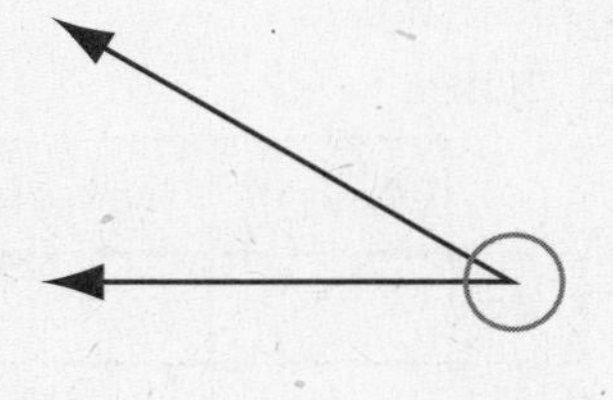

____

2. 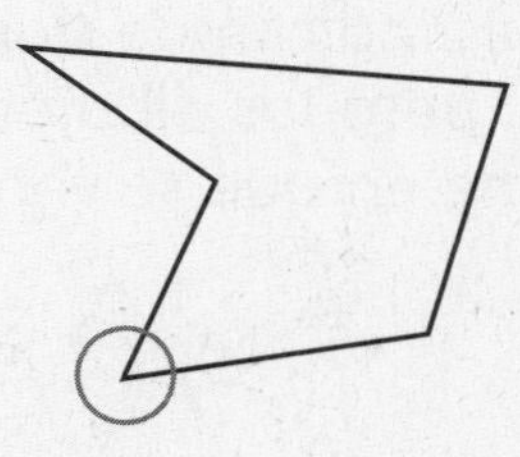

____

3. 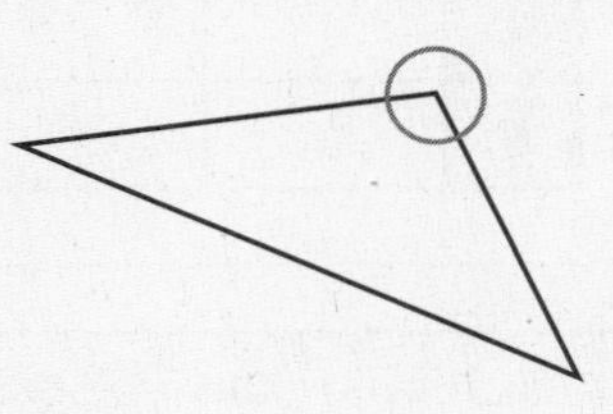

____

4. 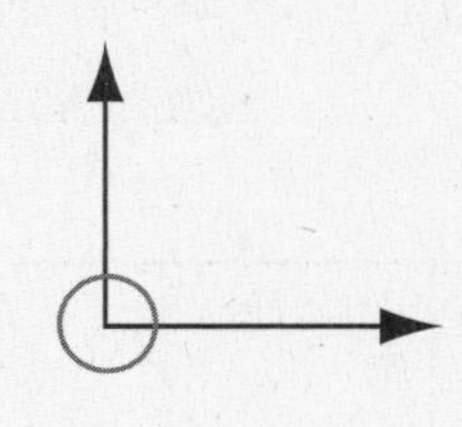

____

5. 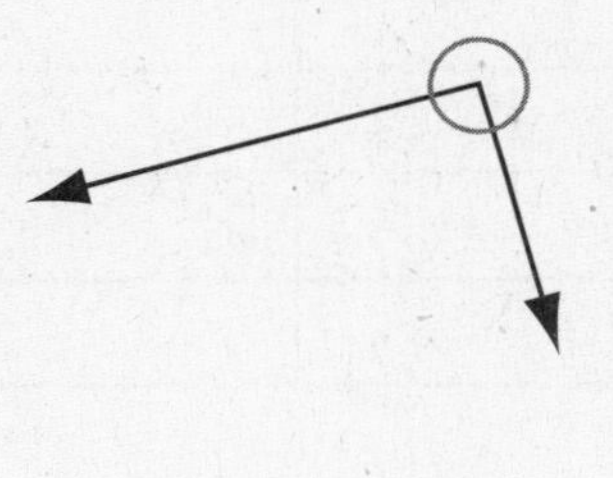

____

6. 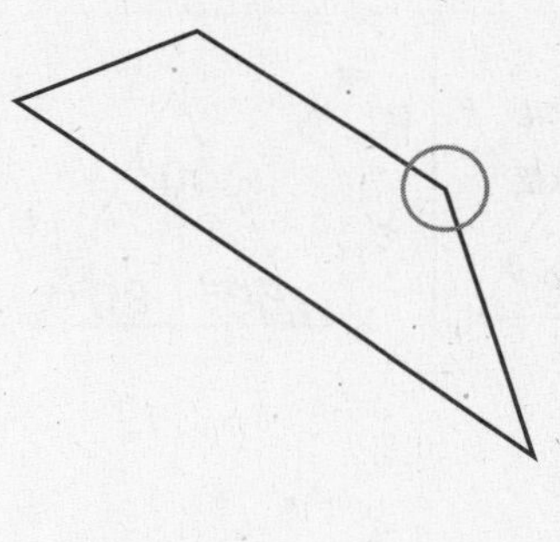

____

Preparación para las pruebas

7. $14 \times 288 = 4{,}032$. ¿Cuál de las siguientes opciones es falsa?

A. $1.4 \times 2.88 = 4.032$
B. $14 \times 28.8 = 403.2$
C. $1.4 \times 28.8 = 40.32$
D. $0.14 \times 0.288 = 0.4032$

8. $26 \times 317 = 8{,}242$. ¿Cuál de las siguientes opciones es falsa?

A. $2.6 \times 3.17 = 8.242$
B. $0.26 \times 0.317 = 0.8242$
C. $2.6 \times 31.7 = 82.42$
D. $26 \times 31.7 = 824.2$

Nombre ______________________________ Fecha ______________

Clasificar ángulos y triángulos

❶ Clasifica los triángulos según la longitud de sus lados o las medidas de sus ángulos. Sé lo más específico posible. Las medidas indican de qué manera **deberían** dibujarse los triángulos, pero los dibujos no son correctos. No te guíes por la forma en que se ven.

A
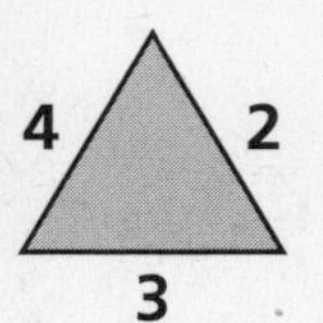

B
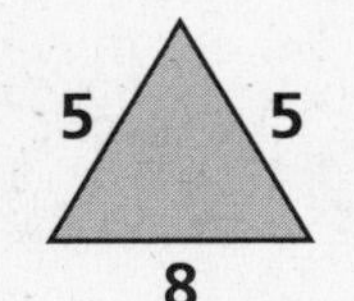

C
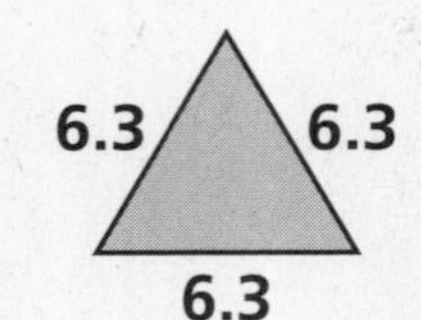

D
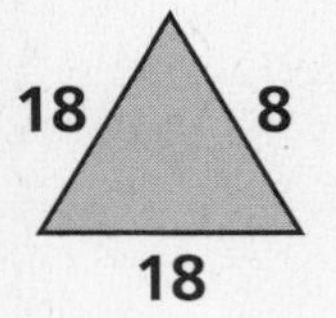

E
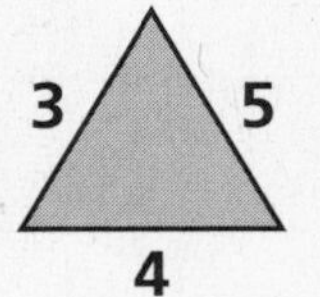

F
1.9 1.9
1.2

	Escaleno	Isósceles	Equilátero
A			
B		X	
C			
D			
E			
F			

G
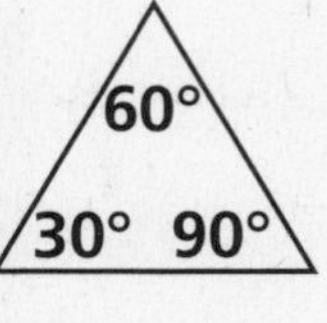

H
30°
30° 120°

I
110°
50° 20°

J
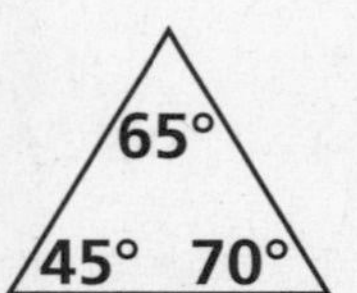

K
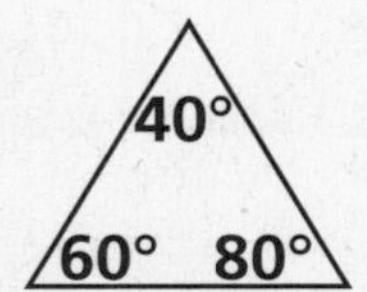

L
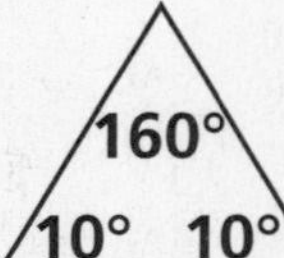

	Acutángulo	Obtusángulo	Rectángulo
G			
H			
I			
J			
K			
L			

Preparación para las pruebas

❷ En un teatro hay 20 filas de asientos, con 15 asientos por fila. Si asisten 155 adultos y 76 niños a una función del teatro, ¿cuántos asientos estarán vacíos? Explica cómo lo sabes.

____

____

____

Nombre ______________________ Fecha __________

Trazar triángulos

Usa una regla para dibujar una recta para formar los ángulos.

1

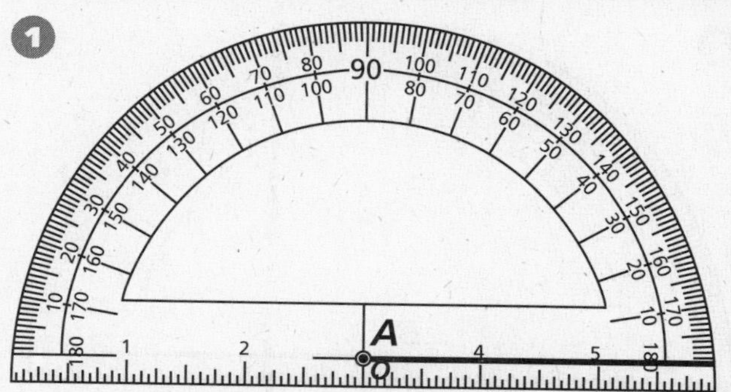

medida de ∠*A*: 110°

2

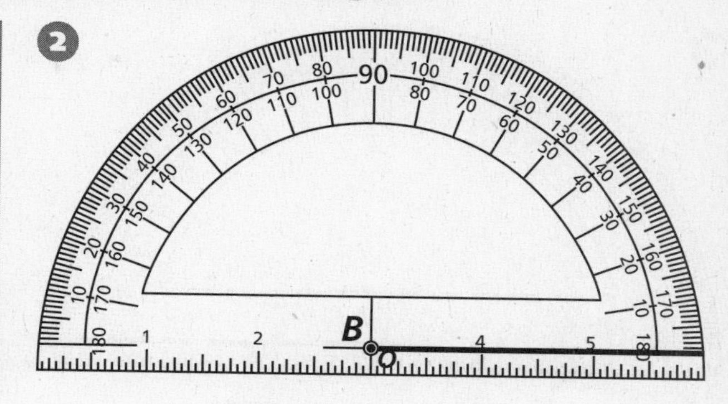

medida de ∠*B*: 55°

3

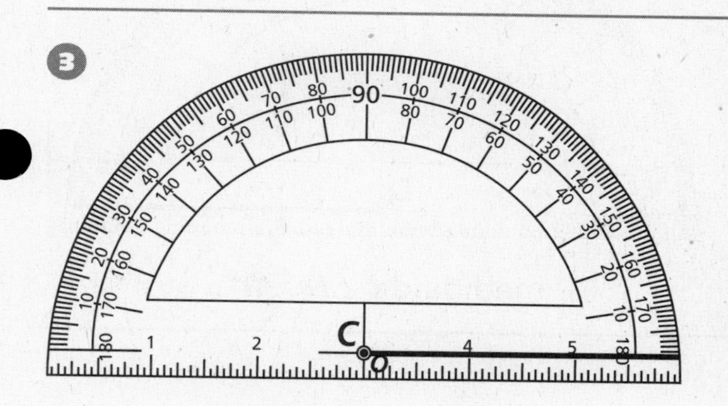

medida de ∠*C*: 20°

4

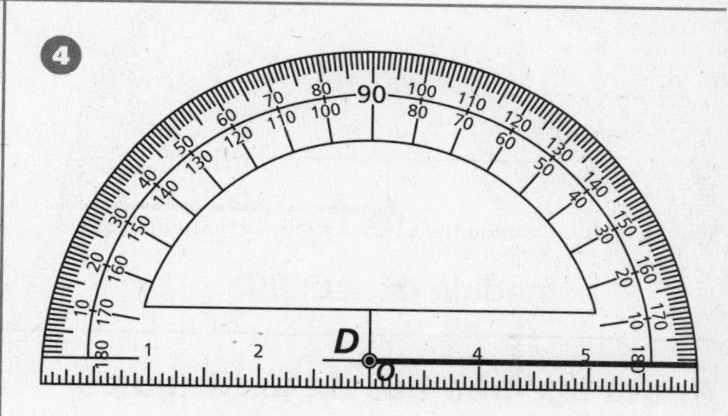

medida de ∠*D*: 90°

Preparación para las pruebas

5 ¿Cuál de las siguientes opciones es una manera razonable de aproximar el valor de 42.319 − 19.8?

A. 42 − 20

B. (42 − 19) + (319 − 8)

C. 42,319 − 198

D. 423 − 198

6 ¿Cuál de las siguientes opciones es una estimación razonable para 13.079 × 4.82?

A. 130

B. 65

C. 480

D. 18

Nombre ______________________________ Fecha ____________

Trazar triángulos semejantes

Usa una regla para dibujar una recta para formar los ángulos.

1. 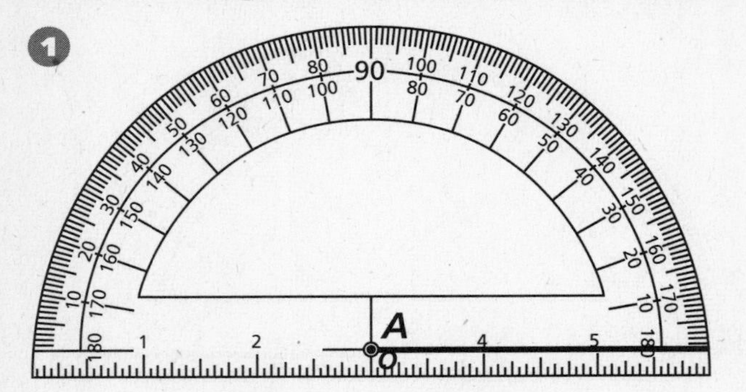

medida de ∠*A*: 100°

2. 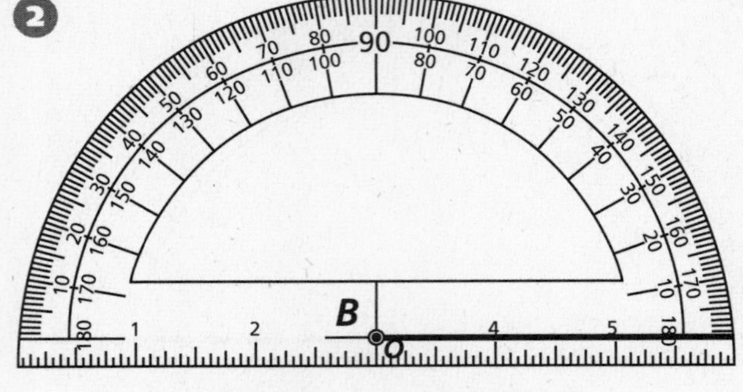

medida de ∠*B*: 45°

3. 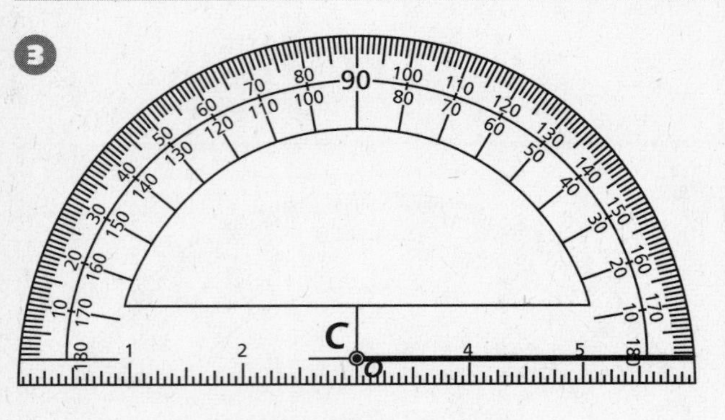

medida de ∠*C*: 90°

4. 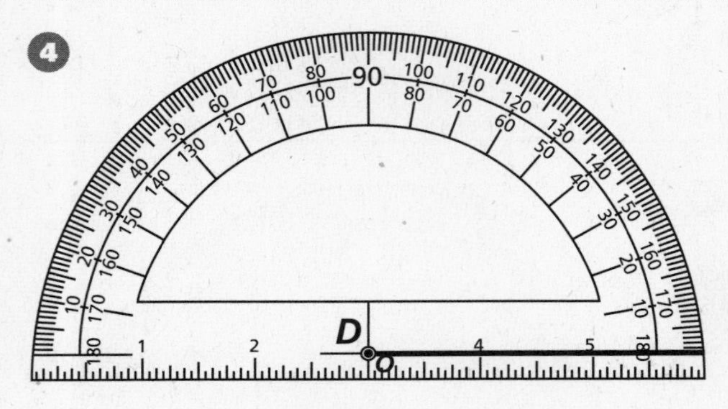

medida de ∠*D*: 30°

Anota las medidas de los ángulos.

5. 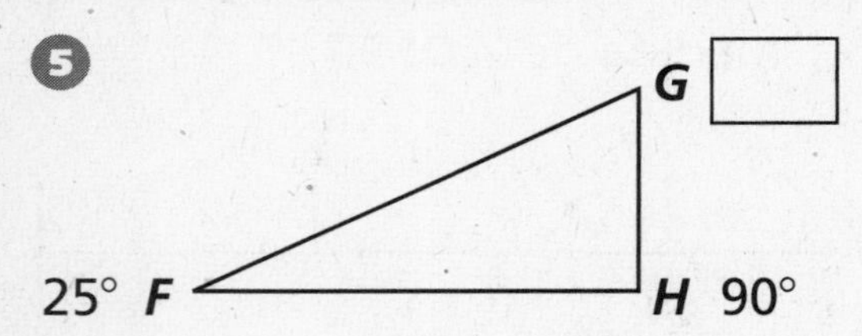

6. 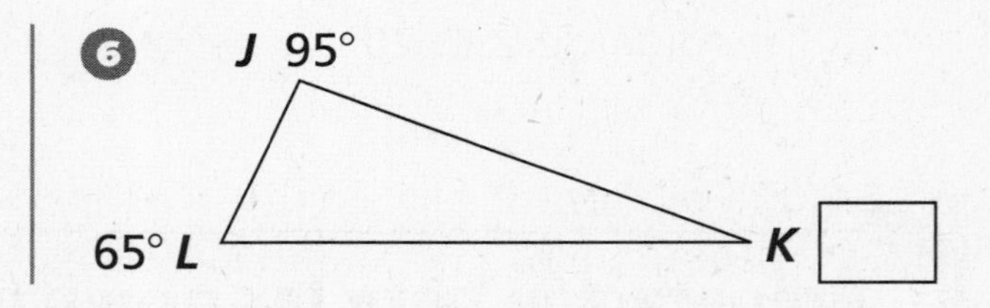

Preparación para las pruebas

7. Maria dibujó un triángulo rectángulo. Dijo que un ángulo era recto, un ángulo era agudo y un ángulo era obtuso. ¿Es posible? Explica cómo lo sabes.

____
____
____
____
____

Nombre ______________________ Fecha ____________

Ángulos formados por rectas secantes

Usa tus conocimientos sobre ángulos llanos y ángulos opuestos por el vértice para hallar las medidas de los ángulos que faltan. (¡Sin usar transportador, por favor!)

1

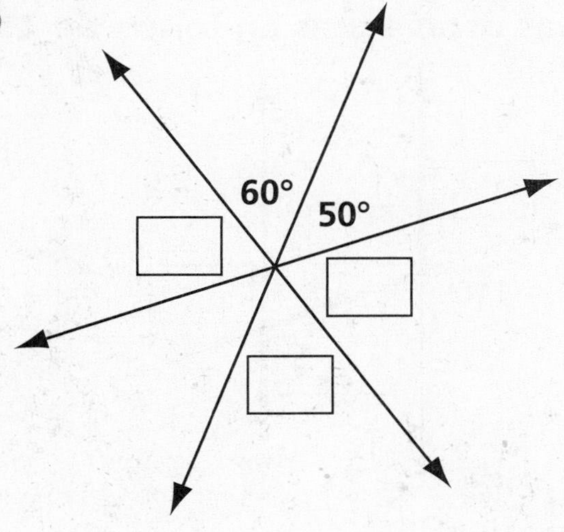

2

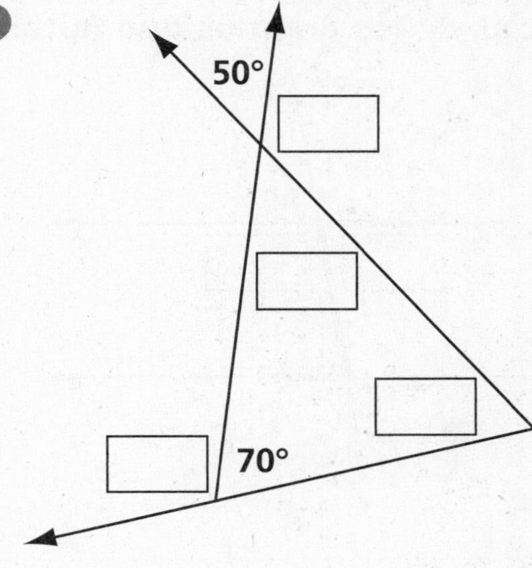

Preparación para las pruebas

3 Lee el problema, pero NO lo resuelvas.

En una biblioteca hay 36 estudiantes que quieren sentarse. Si en cada mesa entran 8 estudiantes, ¿cuál es la menor cantidad de mesas que se necesita para que todos se sienten?

Si queda un residuo, ¿qué deberías hacer con él? Explica.

____

____

____

____

Nombre ______________________________ Fecha ______________

Ángulos formados por una recta que interseca rectas paralelas

Sin usar el transportador, usa tus conocimientos sobre zonas en forma de Z, ángulos llanos y ángulos opuestos por el vértice para calcular las medidas de los ángulos que faltan. ¿Observas otras zonas en forma de Z?

1

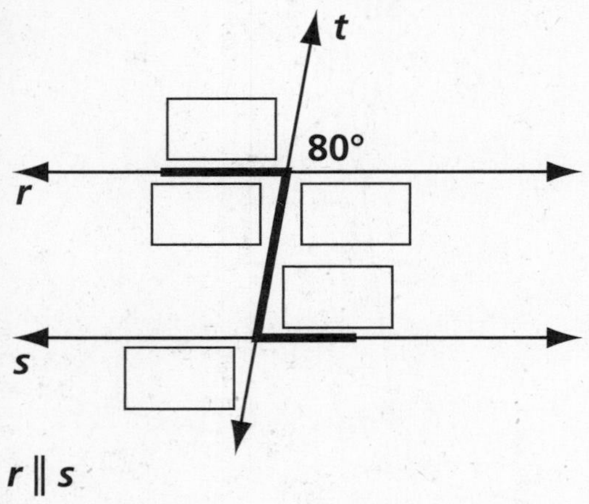

2

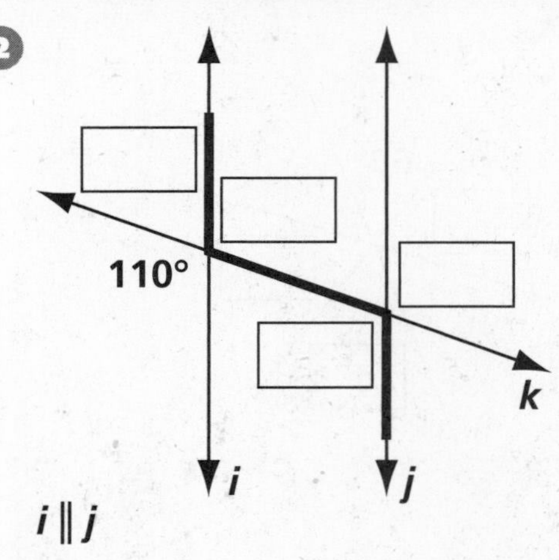

3

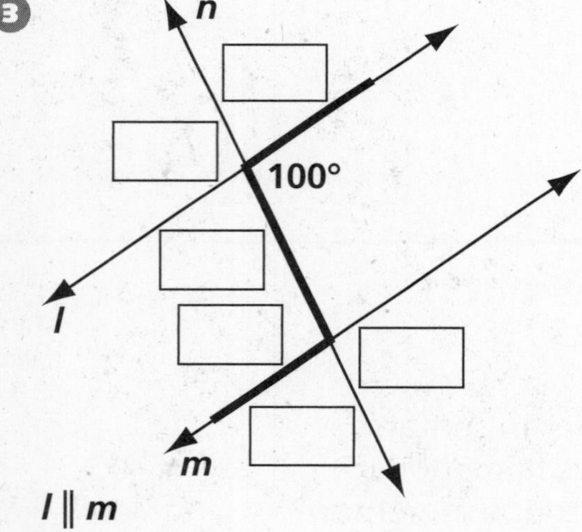

4

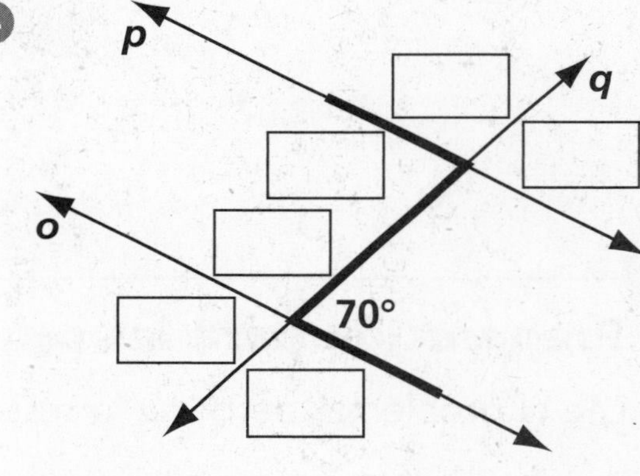

$o \parallel p$

Preparación para las pruebas

5 ¿Cuáles de las siguientes opciones NO es verdadera?

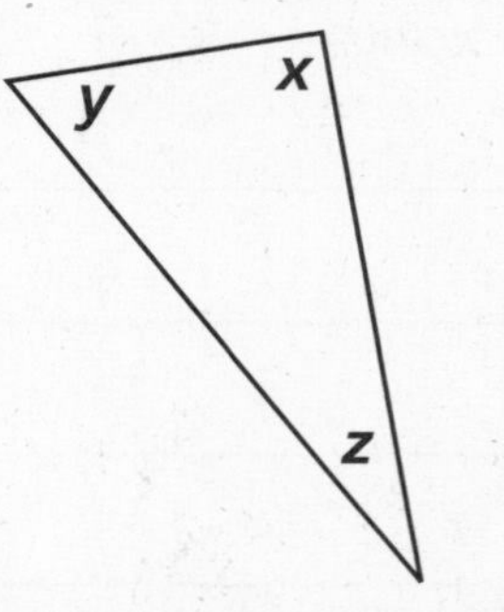

A. $x + y + z = 180°$

B. Si $x = 90°$, entonces $y + z = 90°$

C. Si $x = 90°$, entonces $y = 90° - z$

D. $x + y + z = 90°$

Nombre ______________________ Fecha ____________

Comparar y clasificar cuadriláteros

Los lados y ángulos congruentes están marcados igual. Encierra en un círculo TODOS los nombres que corresponden a cada cuadrilátero.

1.

rectángulo paralelogramo

trapecio rombo

2.

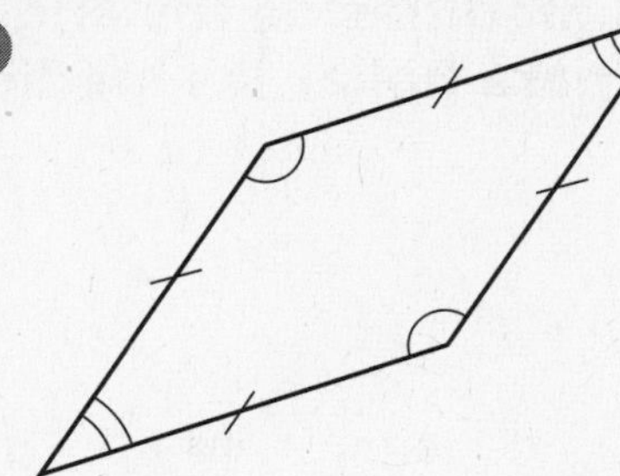

cuadrado rombo

rectángulo paralelogramo

3.

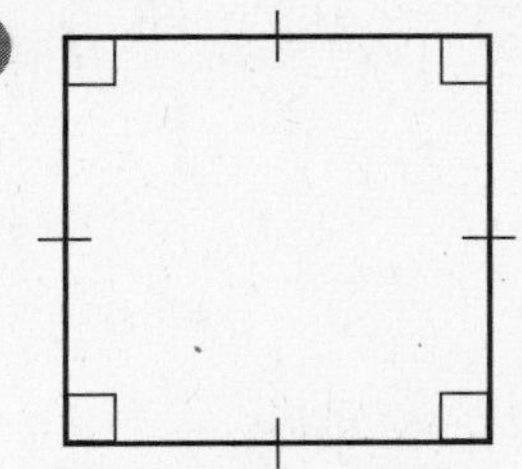

rombo rectángulo

cuadrado paralelogramo

4.

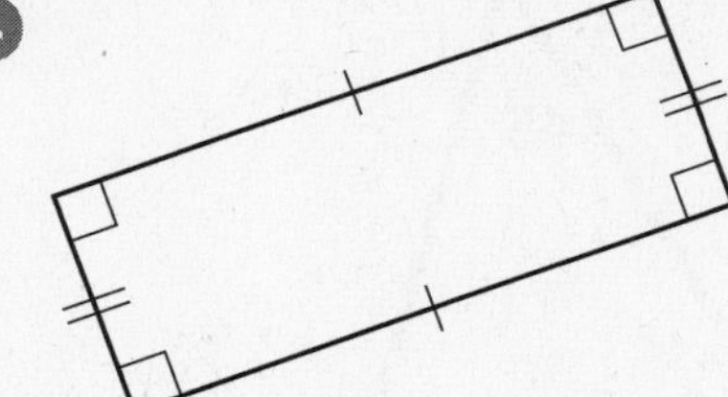

paralelogramo rombo

rectángulo cuadrado

Preparación para las pruebas

5. En $\triangle RST$, $\angle S$ mide 40° y la medida de $\angle T$ es 50°. ¿Cuál es la medida del $\angle R$? Explica cómo lo sabes.

____

____

____

Nombre ______________________ Fecha __________

Investigar cuadriláteros

Sin usar el transportador, usa tus conocimientos sobre zonas en forma de Z, ángulos llanos, ángulos opuestos por el vértice y suma de las medidas de los ángulos de los triángulos y cuadriláteros para hallar las medidas que faltan.

1

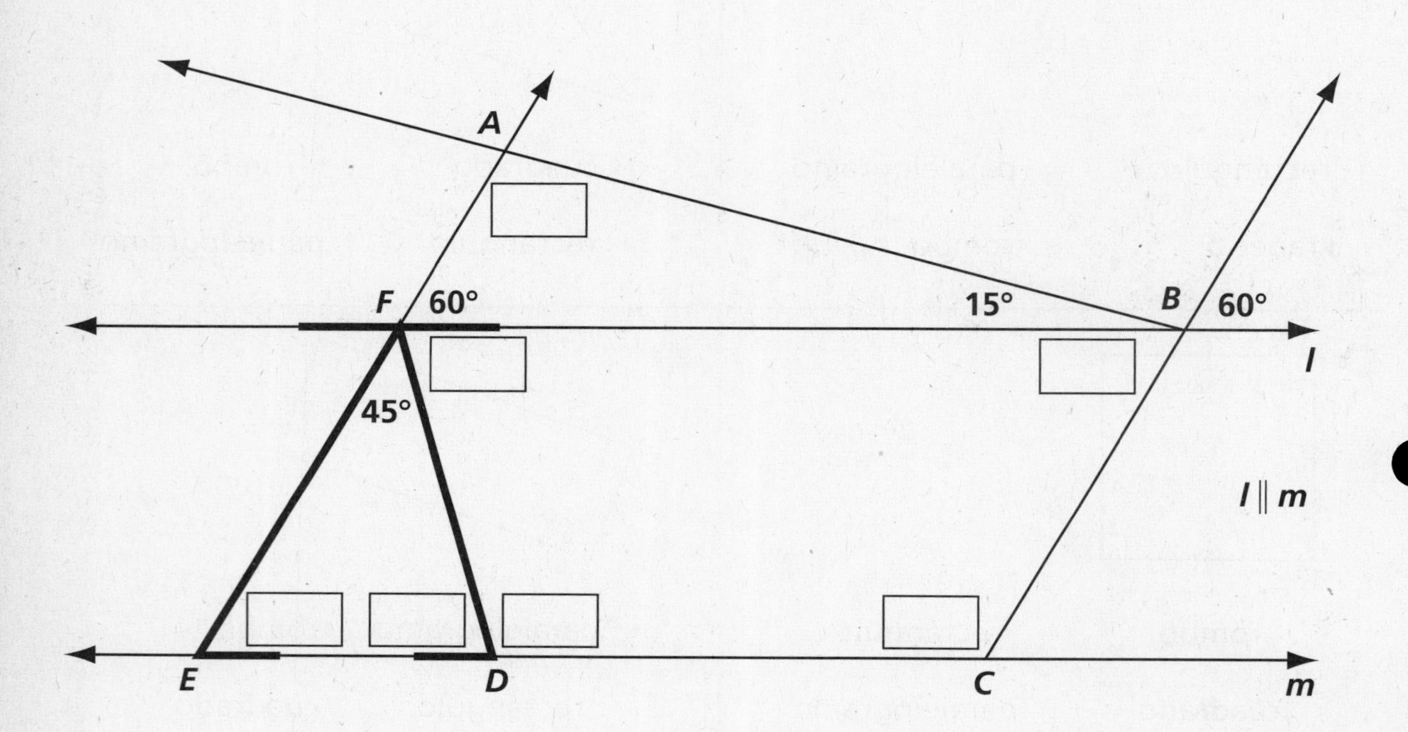

Preparación para las pruebas

2 Un triángulo con lados que miden 3 cm, 5 cm y 3 cm debe ser:

A. isósceles
B. acutángulo
C. escaleno
D. equilátero

3 Cierto cuadrilátero solo tiene 2 ejes de simetría, 2 pares de lados paralelos y 4 ángulos rectos. Debe ser un:

A. cuadrado
B. rombo
C. rectángulo
D. trapecio

Nombre ______________________ Fecha ____________

Práctica
Lección 1

Longitud y perímetro

Mide los lados de cada figura redondeando al centímetro más cercano. Anota el perímetro en cm.

1

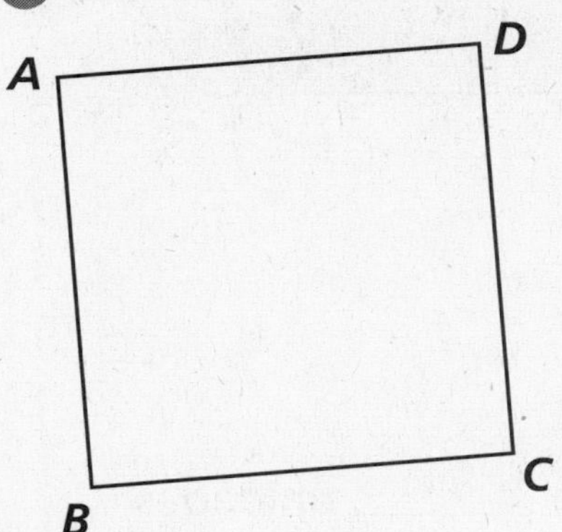

$\overline{AB}$ ________ $\overline{BC}$ ________

$\overline{CD}$ ________ $\overline{DA}$ ________

Perímetro ________

2

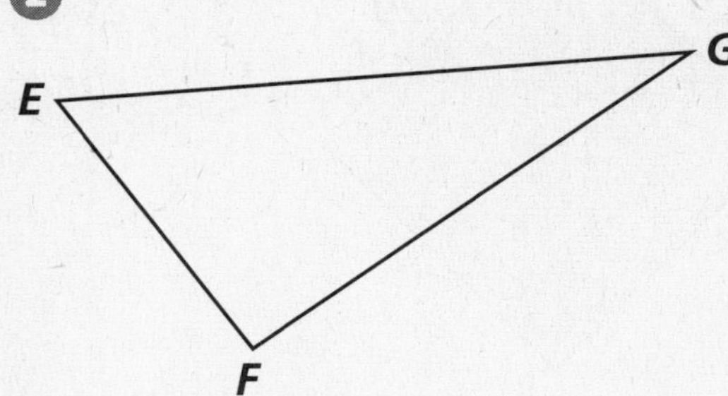

$\overline{EF}$ ________ $\overline{FG}$ ________

$\overline{GE}$ ________

Perímetro ________

3

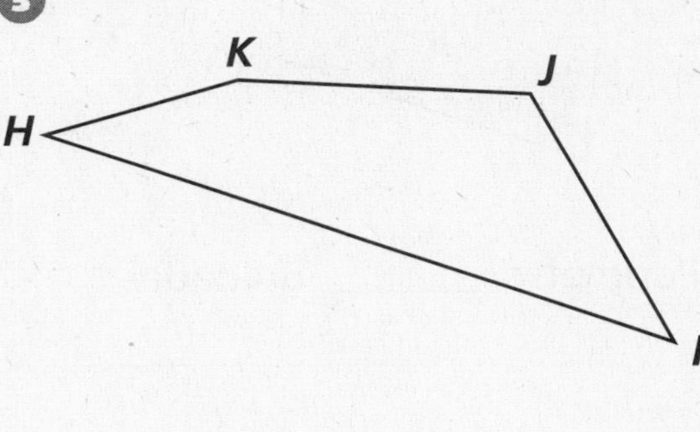

$\overline{HI}$ ________ $\overline{IJ}$ ________

$\overline{JK}$ ________ $\overline{KH}$ ________

Perímetro ________

4

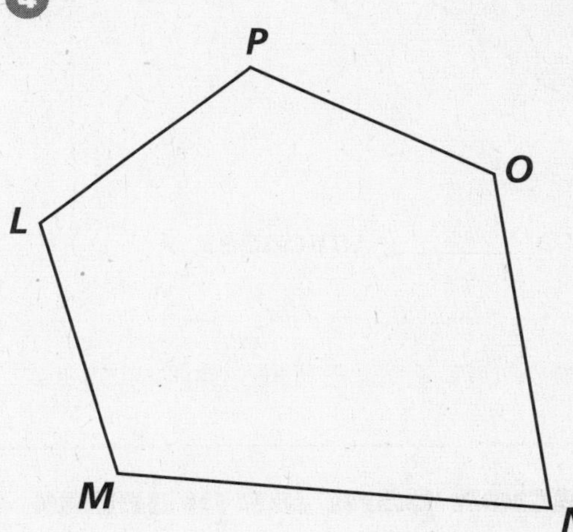

$\overline{LM}$ ________ $\overline{MN}$ ________

$\overline{NO}$ ________ $\overline{OP}$ ________

$\overline{PL}$ ________ **Perímetro** ________

0 1 2 3 4 5 6 7 8 9 10 11 12 13 14 15
centímetros

Fórmulas de perímetro

Halla el perímetro de cada paralelogramo.

1. 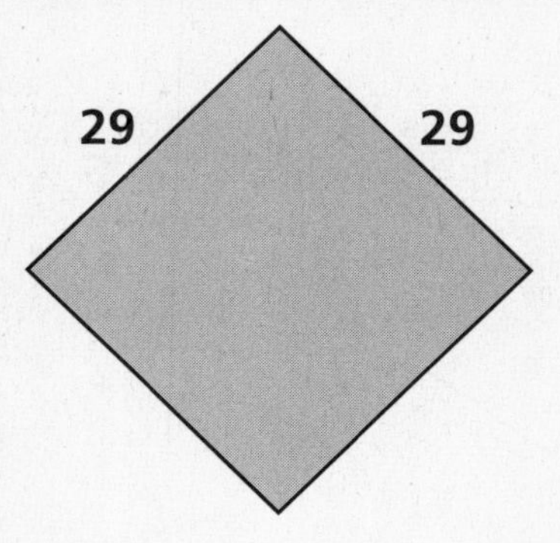

Perímetro ________ unidades

2. 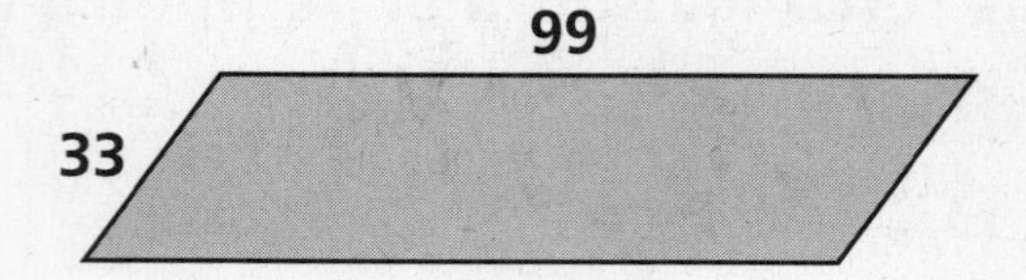

Perímetro ________ unidades

3. 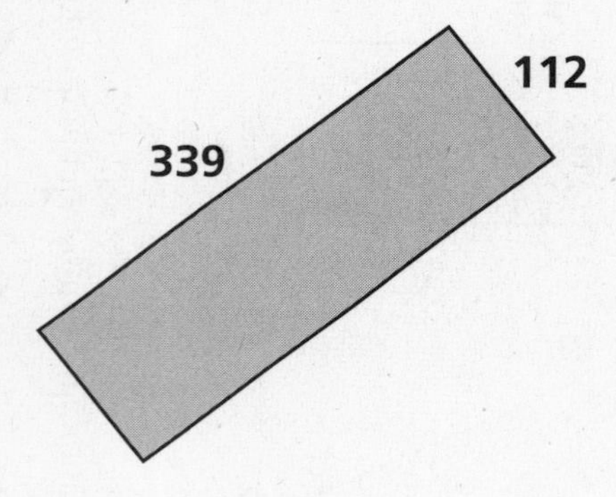

Perímetro ________ unidades

4. 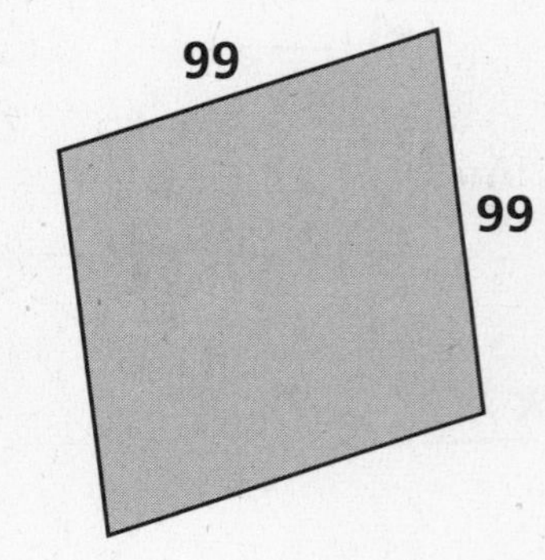

Perímetro ________ unidades

Preparación para las pruebas

5. Taylor usó 64 pies de cerca para construir un área cuadrada para su perro. ¿Qué longitud tiene cada lado del área cercada? Explica cómo lo sabes.

____

____

Nombre ______________________ Fecha __________

Área de paralelogramos

Halla el área de cada paralelogramo.
Anota el área en centímetros cuadrados (cm^2).

1. 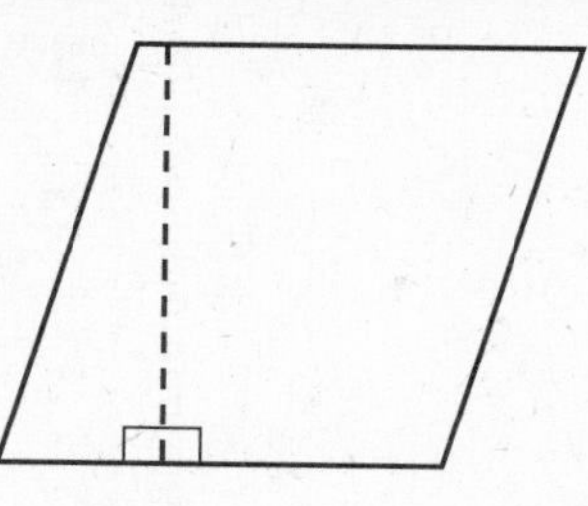

Base 3 cm

Altura 3 cm

Área __________

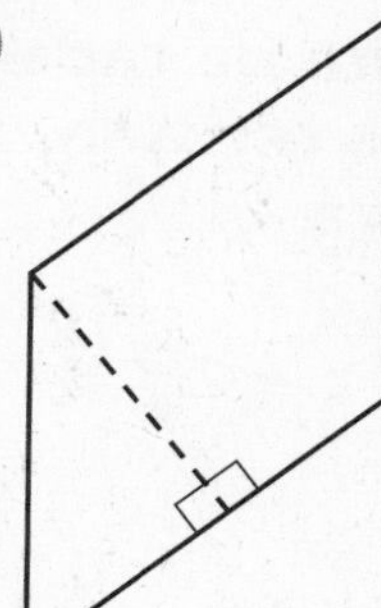

Base 3 cm

Altura 2 cm

Área __________

3. 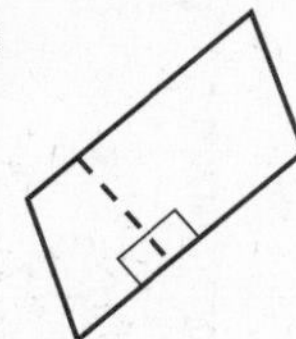

Base 2 cm

Altura 1 cm

Área __________

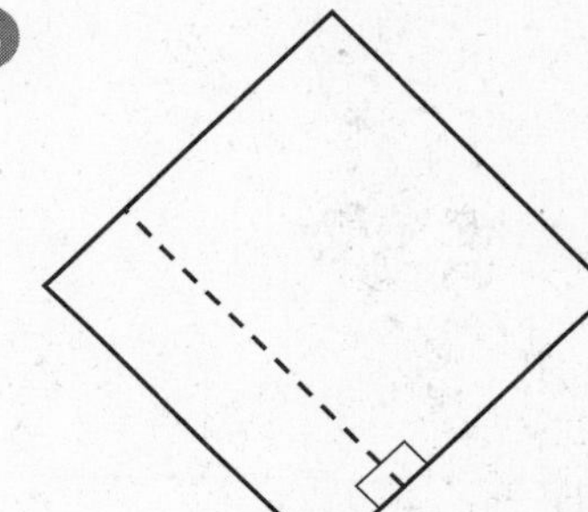

Base 3 cm

Altura 3 cm

Área __________

Resuelve el problema.

5. Un campo rectangular mide 12 pies por 8 pies. Un granjero necesita saber la medida del área para comprar semillas. ¿Cuánto mide el área? __________

Preparación para las pruebas

6. El área del rectángulo grande que está sombreado es 1. ¿Qué fracción puedes escribir para el área del triángulo sombreado? Explica.

Área = 1

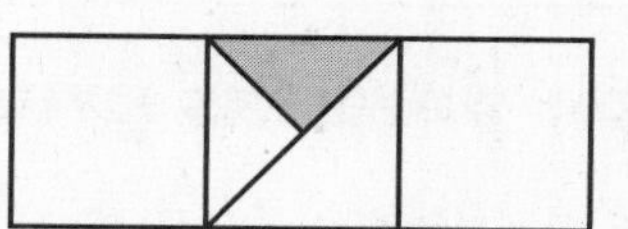

____

____

____

Nombre ______________________ Fecha __________

Medir para hallar áreas de paralelogramos

Recorta la regla que está a la derecha si la necesitas. Mide los lados y la altura de cada paralelogramo redondeando al cm más cercano. Anota el área y el perímetro de cada figura.

1

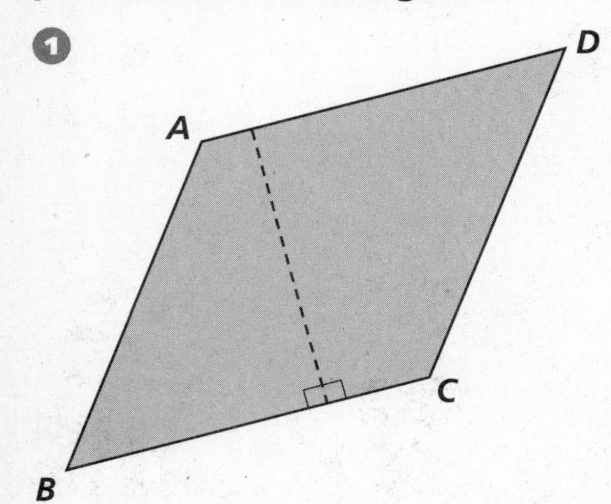

Base $\overline{BC}$ __________

Altura __________

Área __________

Perímetro __________

2

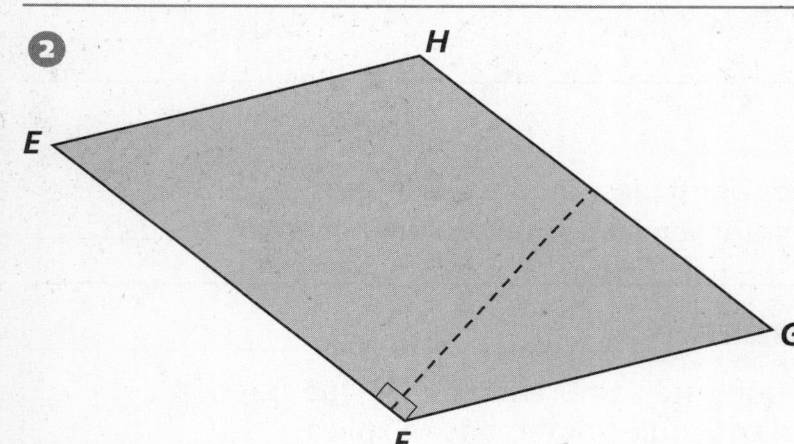

Base $\overline{EF}$ __________

Altura __________

Área __________

Perímetro __________

centímetros 0 1 2 3 4 5 6 7 8 9 10 11 12 13 14 15

Preparación para las pruebas

3 Mario se dio cuenta de que si pegaba 4 adhesivos en cada página de su álbum de adhesivos, le sobrarían 2. Si pegaba 3 en cada página, también sobrarían 2. Mario tenía más de 10 adhesivos, pero menos de 30. ¿Cuántos adhesivos tenía?

A. 12 o 26 adhesivos
B. 14 o 26 adhesivos
C. 14 o 21 adhesivos
D. 13 o 25 adhesivos

Nombre ______________________________ Fecha ____________

Práctica
Lección 5

Área de triángulos y trapecios

Halla el área y el perímetro de cada figura usando las medidas (aproximadas) dadas.

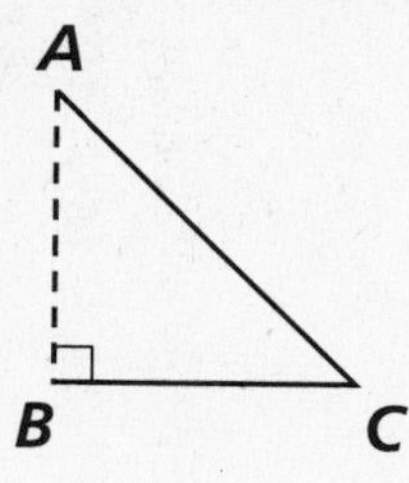

Base $\overline{BC}$ 2 cm

Altura 2 cm

Lado $\overline{AB}$ 2 cm

Lado $\overline{AC}$ 3 cm

Área __________

Perímetro __________

2

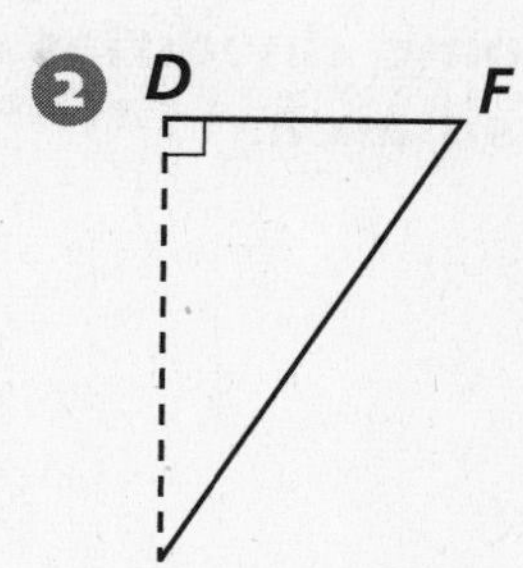

Base $\overline{DF}$ 2 cm

Altura 3 cm

Lado $\overline{DE}$ 3 cm

Lado $\overline{EF}$ 4 cm

Área __________

Perímetro __________

3

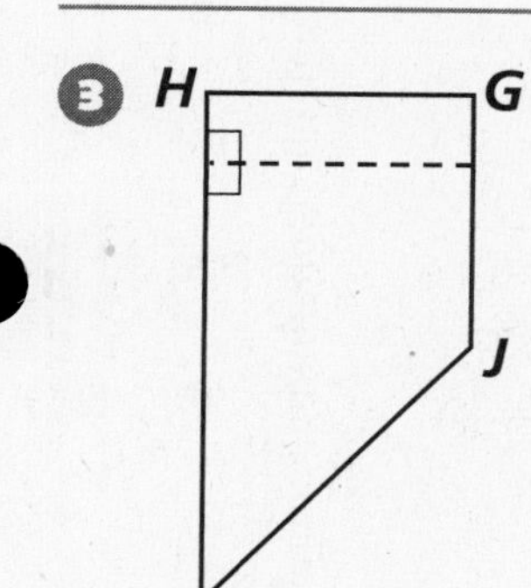

Base $\overline{GJ}$ 2 cm

Base $\overline{HI}$ 4 cm

Altura 2 cm

Lado $\overline{GH}$ 2 cm

Lado $\overline{JI}$ 3 cm

Área __________

Perímetro __________

4

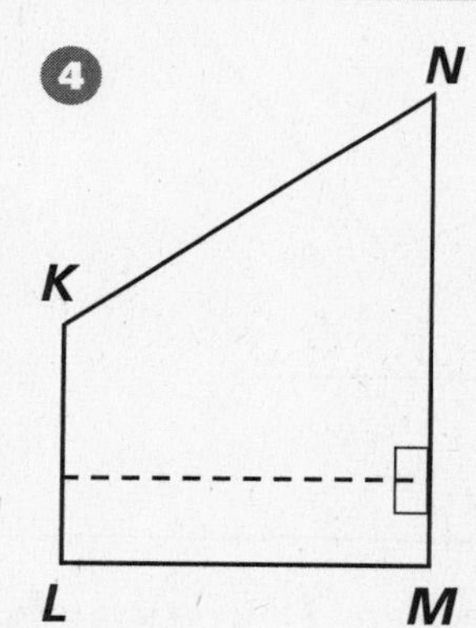

Base $\overline{KL}$ 2 cm

Base $\overline{MN}$ 4 cm

Altura 3 cm

Lado $\overline{KN}$ 4 cm

Lado $\overline{LM}$ 3 cm

Área __________

Perímetro __________

Preparación para las pruebas

5 El jardín rectangular del Sr. Howe tiene un área de 24 pies cuadrados. Una de estas medidas NO puede ser la longitud de la cerca que rodea el jardín. Enciérrala en un círculo. Explica cómo lo sabes.

16 pies   20 pies   22 pies   28 pies

____

____

____

Nombre ______________________ Fecha __________

Área y perímetro de otros polígonos

Usa medidas redondeadas al centímetro más cercano para hallar el perímetro. Usa una regla para dibujar líneas que muestren cómo dividirías cada polígono en triángulos para hallar su área.

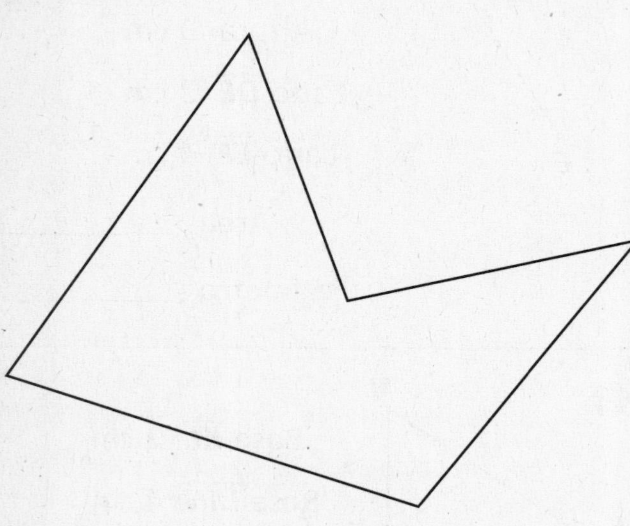

Perímetro __________

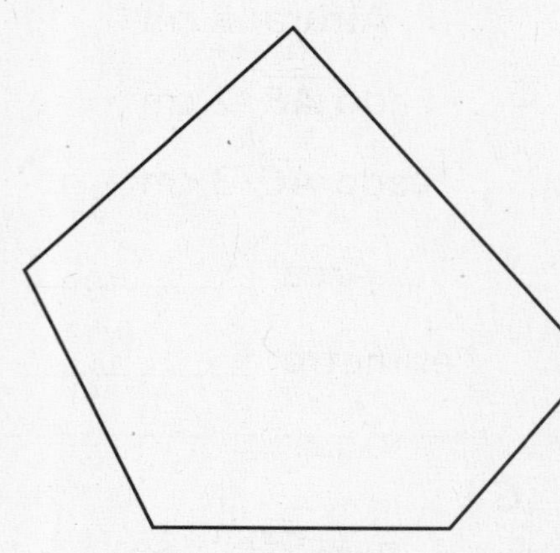

Perímetro __________

0 1 2 3 4 5 6 7 8 9 10 11 12 13 14 15
centímetros

Preparación para las pruebas

3 ¿Qué medida NO se necesita para hallar el área del trapecio?

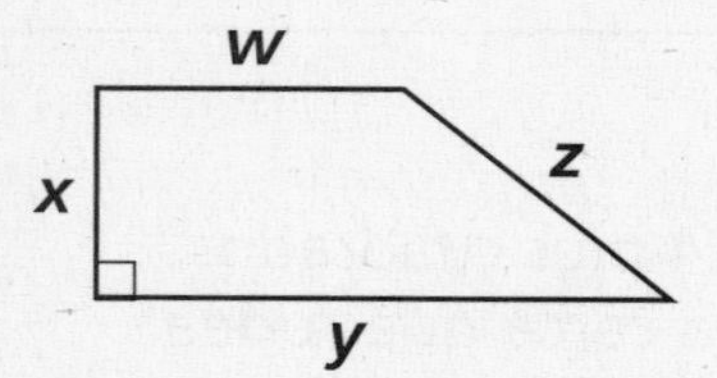

A. w **C.** z

B. y **D.** x

4 ¿Qué polígono NO tiene al menos 2 ejes de simetría?

A. cuadrado **C.** triángulo rectángulo

B. triángulo equilátero **D.** rectángulo

Nombre ______________________ Fecha ______________

Sumar y restar fracciones con denominadores semejantes

Sombrea las barras para mostrar los totales. Completa los enunciados numéricos. Convierte las fracciones impropias a números mixtos.

= 1

1. 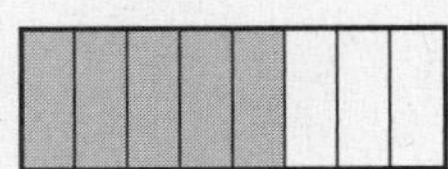 +  =

$\frac{4}{8} + \frac{5}{8} = \frac{\square}{8} = \square$

2. 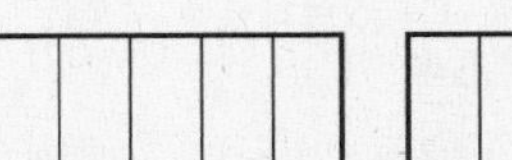

$\frac{2}{6} + \frac{4}{6} = \frac{\square}{\square} = \square$

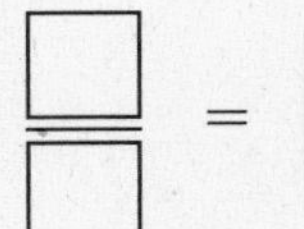

Usa los dibujos para completar los enunciados numéricos.

= 1

3. 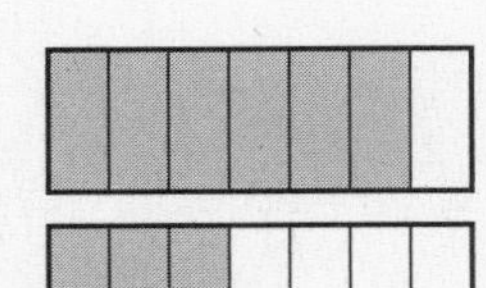

$\frac{6}{7} - \frac{3}{7} = \frac{\square}{\square}$

4. 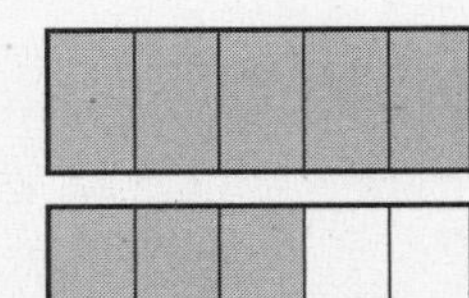

$\frac{5}{5} - \frac{3}{5} = \frac{\square}{\square}$

Preparación para las pruebas

5. La base de un paralelogramo es el doble de su altura. Si la base es de 12 centímetros, ¿cuál es el área? Explica.

____

____

Nombre ______________________ Fecha ____________

Más sumas y restas de fracciones con denominadores semejantes

Escribe fracciones para completar los enunciados numéricos.

1. $\frac{8}{15} + \frac{6}{15} = \frac{\square}{\square}$

2. $\frac{29}{22} - \frac{17}{22} = \frac{\square}{\square}$

3. $\frac{42}{55} + \frac{\square}{\square} = \frac{54}{55}$

4. $\frac{\square}{\square} + \frac{36}{39} = \frac{53}{39}$

5. $\frac{\square}{\square} - \frac{20}{28} = \frac{9}{28}$

6. $\frac{9}{45} + \frac{8}{45} + \frac{\square}{\square} = \frac{43}{45}$

Preparación para las pruebas

7. Redondea los números 49.03 y 29.95 a la décima más cercana. ¿Cuál es la diferencia entre los números que se redondearon?

A. 19.1 **C.** 19
B. 20.9 **D.** 20

8. ¿Qué número NO es equivalente a $4\frac{8}{9}$?

A. $\frac{44}{9}$ **C.** $4\frac{16}{18}$
B. $3\frac{16}{18}$ **D.** $\frac{88}{18}$

Nombre ______________________ Fecha __________

Cuentos sobre sumar y restar fracciones

Puedes usar el dibujo como ayuda para resolver los Problemas 1 y 2.

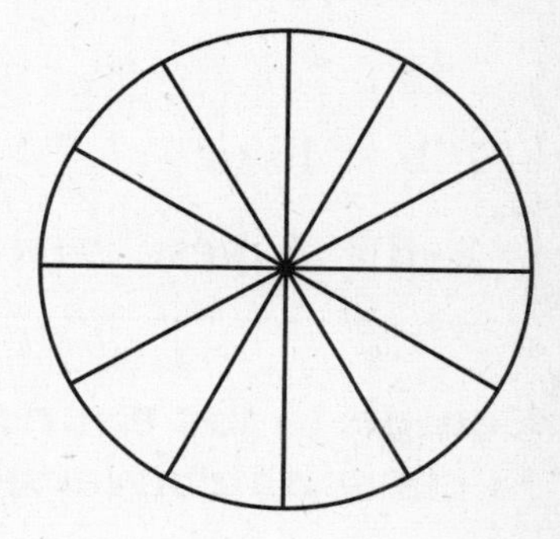

Resuelve los dos problemas y escribe enunciados numéricos que se correspondan con las soluciones.

1. Felicia pasó $\frac{6}{12}$ del día en la escuela y $\frac{4}{12}$ haciendo la tarea, jugando al fútbol y limpiando la casa. ¿Qué fracción de las horas del día le quedan para hacer lo que quiere?

   Enunciado(s) numérico(s):

2. Erik separó $\frac{7}{12}$ de una docena de rosquillas para convidar a sus amigos. ¿Qué fracción de la docena dejó para más tarde?

   Enunciado(s) numérico(s):

Preparación para las pruebas

3. ¿Cuál NO es igual a $\frac{2}{6} + \frac{2}{6}$?

   A. $\frac{4}{12}$ **C.** $\frac{4}{6}$

   B. $\frac{1}{3} + \frac{1}{3}$ **D.** $\frac{2}{3}$

4. ¿Cuál número NO es un denominador común de 6 y 9?

   A. 12 **C.** 18

   B. 54 **D.** 36

Nombre ______________________ Fecha ____________

Práctica
Lección 4

Sumar y restar cosas no semejantes

Clave de conversiones

1 lb = 16 oz	1 hr = 60 min	1 L = 1,000 mL	1 m = 100 cm
1 yd = 3 pies	1 min = 60 seg	1 km = 1,000 m	1 cm = 10 mm

Completa los enunciados numéricos usando la clave de conversiones que está arriba.

1. 8 yd + 15 pies = ______ yd
2. 3 lb − 14 oz = ______ oz
3. ______ m + 12 cm = 412 cm
4. 2 hr − ______ min = 40 min
5. 144 pulg − 2 yd = ______ pulg
6. 12 m + 4,000 cm = ______ cm
7. ______ hr + 120 min = 300 min
8. 3,000 mL − 1 L = ______ L

Preparación para las pruebas

9. Jewell tiene 40 pies de cerca para colocar alrededor de un jardín. ¿Qué dimensiones tendría un jardín que tenga la mayor área posible? Explica.

____

____

____

Nombre ______________________ Fecha ____________

Práctica
Lección 5

Sumar y restar fracciones con denominadores no semejantes

Suma o resta fracciones de una hora y halla el número de minutos.

1 $\frac{1}{2}$ de hora = $\square$ min o $\frac{\square}{60}$ de hora

$\frac{1}{3}$ de hora = $\square$ min o $\frac{\square}{60}$ de hora

$\frac{1}{2} - \frac{1}{3} = \frac{\square}{60} - \frac{\square}{60} = \frac{\square}{60}$ de hora o $\square$ min

---

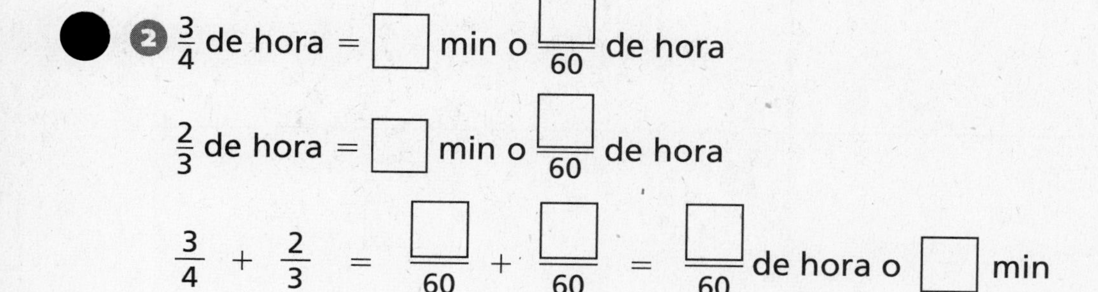

2 $\frac{3}{4}$ de hora = $\square$ min o $\frac{\square}{60}$ de hora

$\frac{2}{3}$ de hora = $\square$ min o $\frac{\square}{60}$ de hora

$\frac{3}{4} + \frac{2}{3} = \frac{\square}{60} + \frac{\square}{60} = \frac{\square}{60}$ de hora o $\square$ min

Preparación para las pruebas

3 Josie tiene una hoja de papel rectangular de 8 pulgadas por 10 pulgadas. Corta el rectángulo en dos triángulos congruentes. ¿Cuál es el área de cada triángulo? Explica.

____

____

____

Nombre ______________________ Fecha ____________

Cuentos con fracciones

1. $\frac{3}{5} + \frac{1}{5} = \square$

2. $\frac{7}{9} - \frac{4}{9} = \square$

3. $\frac{4}{3} + \frac{4}{3} = \square$

4. $\frac{6}{5} - \frac{3}{5} = \square$

5. $\frac{1}{2} + \frac{1}{4} = \square$

6. $\frac{1}{4} - \frac{1}{8} = \square$

7. $\frac{2}{3} + \square = 1$

8. $\square + \frac{5}{7} = 10$

9. $1\frac{1}{3} + 7\frac{1}{6} = \square$

10. $5\frac{3}{4} - 4\frac{1}{3} = \square$

11. $11\frac{4}{5} - 8\frac{1}{2} = \square$

12. $6\frac{1}{4} + 4\frac{5}{6} = \square$

Preparación para las pruebas

13. La suma de $\frac{3}{5} + \frac{2}{3}$ es . . .

A. menor que $\frac{1}{2}$
B. $\frac{5}{8}$
C. menor que 1
D. $\frac{6}{15}$

14. ¿Cuál de las siguientes opciones NO es igual a $\frac{1}{2}$?

A. $\frac{1}{3} + \frac{1}{6}$
B. $\frac{7}{10} - \frac{1}{5}$
C. $\frac{2}{7} + \frac{3}{14}$
D. $\frac{3}{4} - \frac{1}{8}$

Nombre ______________________ Fecha __________

Usar un modelo de área para multiplicar fracciones

Completa los espacios en blanco y halla el área sombreada para multiplicar las fracciones.

1

1

1

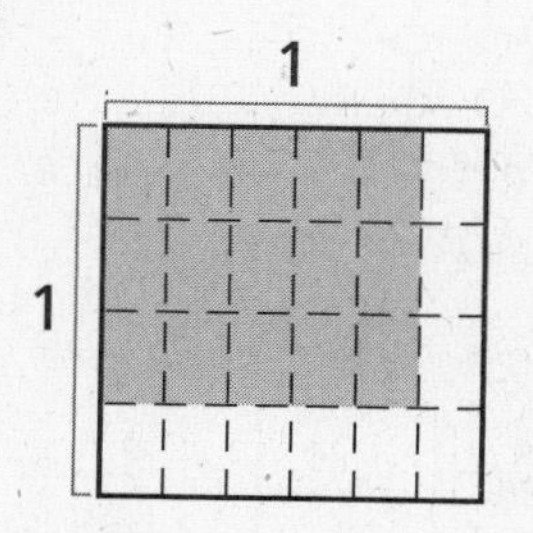

$\frac{5}{6}$

$\frac{3}{4}$

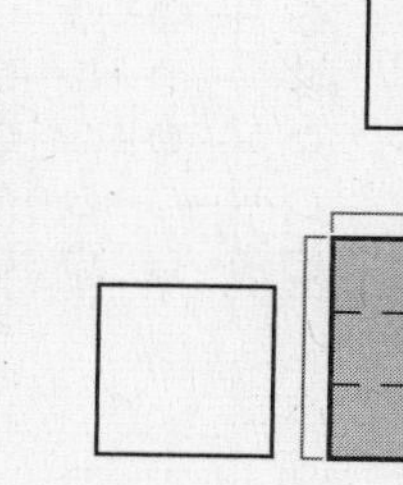

$\frac{5}{6} \times \frac{3}{4} =$ ☐

2

1

1

$\frac{2}{3}$

$\frac{2}{3} \times$ ☐ $=$ ☐

3

1

1

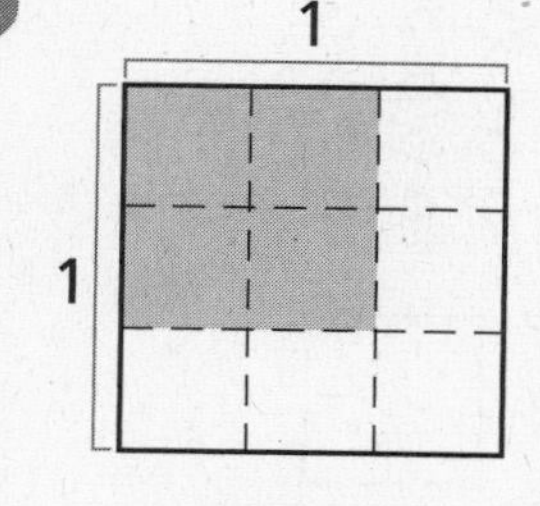

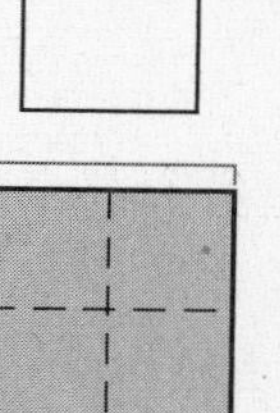

☐ $\times$ ☐ $=$ ☐

4

1

1

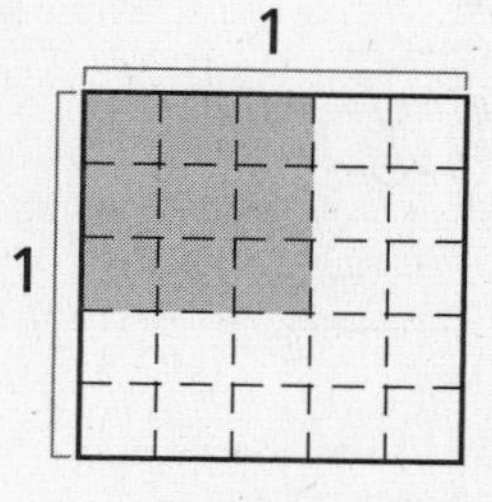

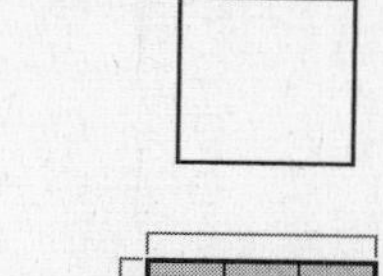

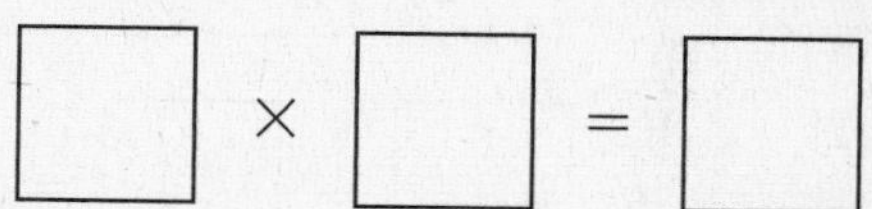

☐ $\times$ ☐ $=$ ☐

Suma.

5 $\frac{2}{3} + \frac{2}{3} = \frac{4}{3}$

6 $\frac{5}{6} + \frac{3}{4} =$ ☐ $+$ ☐ $=$ ☐

7 $\frac{3}{5} + \frac{3}{5} =$ ☐

8 $\frac{2}{3} + \frac{3}{5} =$ ☐ $+$ ☐ $=$ ☐

Preparación para las pruebas

9 Trey dice que todos los paralelogramos son rectángulos. ¿Estás de acuerdo? Explica.

____

____

Nombre ______________________ Fecha ____________

Práctica
Lección 8

Usar otros modelos para multiplicar fracciones

Usa los diagramas de puntos para completar los enunciados.

1

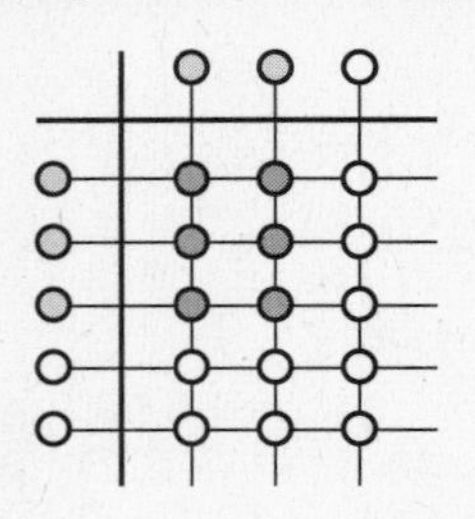

$\frac{2}{3} \times \frac{3}{5} = \square$

2

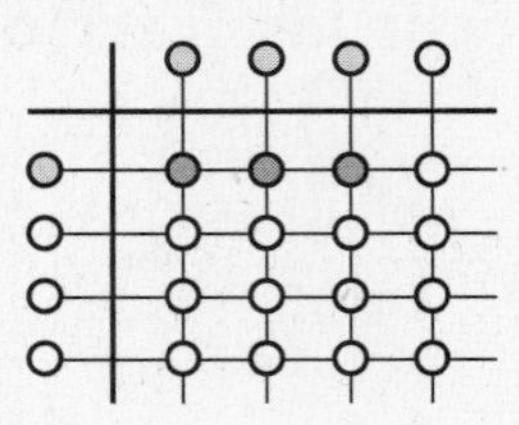

$\frac{3}{4} \times \frac{1}{4} = \square$

3

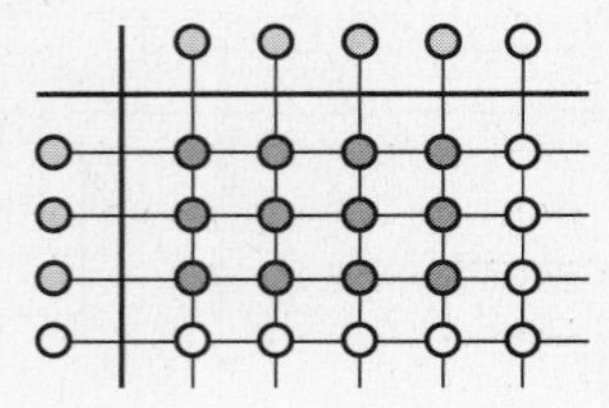

$\frac{4}{5} \times \frac{3}{4} = \square$

4

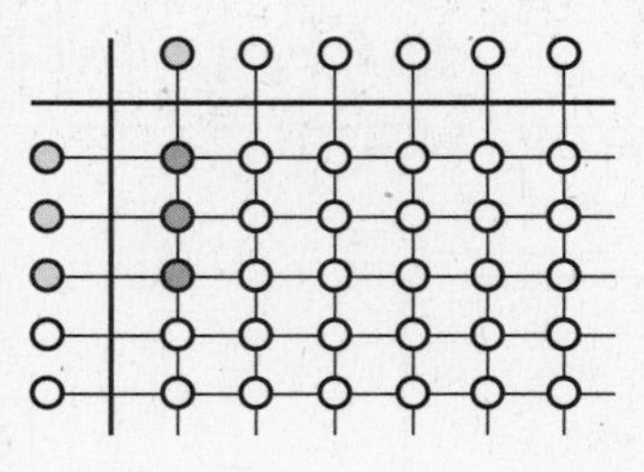

$\frac{1}{6} \times \frac{3}{5} = \square$

5 $\frac{2}{3} + \frac{3}{5} = \square + \square = \square$

6 $\frac{4}{5} + \frac{3}{4} = \square + \square = \square$

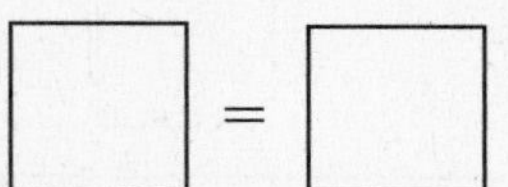

7 $\frac{3}{4} + \frac{1}{4} = \square$

8 $\frac{1}{6} + \frac{3}{5} = \square + \square = \square$

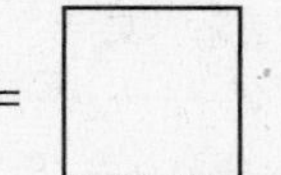

Preparación para las pruebas

9

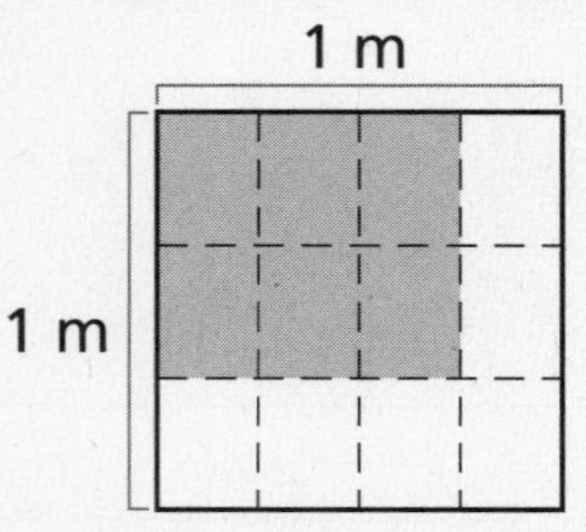

1 metro cuadrado se ha dividido en 12 partes iguales como se muestra. ¿Cuál de las siguientes opciones NO es igual al área del rectángulo sombreado?

A. $\frac{1}{2}$ m^2

B. $\frac{3}{4}$ m $\times$ $\frac{2}{3}$ m

C. $\frac{17}{12}$ m^2

D. $\frac{6}{12}$ m^2

Nombre ______________________ Fecha ______________

Fracciones de cantidades

1. El valor de entrada es **10 centavos.** Escribe los valores de salida (el número de centavos) en los casilleros en blanco.

10 Centavos

$\frac{1}{10}$	$\frac{1}{5}$	$\frac{1}{2}$	$\frac{2}{10}$	$\frac{2}{5}$	$\frac{2}{2}$	$\frac{3}{10}$	$\frac{3}{5}$	$\frac{3}{2}$	$\frac{4}{10}$	$\frac{4}{5}$

$\frac{4}{2}$	$\frac{5}{10}$	$\frac{5}{5}$	$\frac{10}{20}$	$\frac{6}{10}$	$\frac{15}{10}$	$\frac{1}{1}$	$\frac{7}{10}$	$\frac{2}{2}$	$\frac{5}{5}$	$\frac{12}{20}$	$\frac{10}{10}$	$\frac{6}{15}$	$\frac{9}{15}$

Completa los enunciados.

2. $\frac{2}{5}$ de 10 $=$ ☐

3. $\frac{12}{20}$ de 10 $=$ ☐

4. ☐ de 10 $= 6$

5. 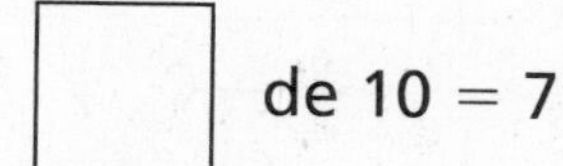 ☐ de 10 $= 7$

Preparación para las pruebas

6. Sage dividió 48,288 entre 48 y obtuvo un cociente de 106. Le preocupaba la posibilidad de que estuviera equivocada. Todas estas son maneras razonables de comprobar la respuesta, EXCEPTO:

A. Usar la calculadora para multiplicar 48×106.

B. Redondear 48 a 50 y 106 a 100, multiplicar 50×100, y comparar el producto con 48,288.

C. Multiplicar 48×100 y comparar esto con el dividendo 48,288.

D. Usar la calculadora para multiplicar $48 \times 48{,}288$.

Nombre ______________________ Fecha ____________

Cuentos sobre multiplicación de fracciones

Muestra cómo hallaste la respuesta.

1. Judy quería plantar flores en el rincón de su jardín delantero. Dijo a sus padres que necesitaba una sección de un sexto por un cuarto del jardín.

   ¿Qué fracción del jardín necesitaba para sus flores?

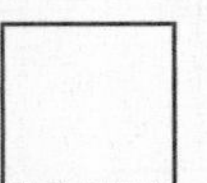

Completa los enunciados numéricos.

Si lo deseas, usa una hoja de papel aparte para hacer dibujos.

2. $\frac{1}{3} \times \frac{3}{8} = \square = \square$
3. $\frac{4}{5} \times \frac{2}{9} = \square$
4. $\frac{3}{8} \times \frac{8}{3} = \square = \square$
5. $\frac{5}{6} \times \frac{3}{4} = \square = \square$
6. $\frac{5}{8} \times \frac{2}{12} = \square = \square$
7. $\frac{9}{11} \times \frac{4}{5} = \square$
8. $\frac{9}{8} \times \frac{11}{13} = \square$
9. $\frac{2}{3} \times \frac{1}{2} = \square = \square$

Preparación para las pruebas

10. Mackenzie quiere poner baldosas en el piso de una cocina que mide 12 pies por 14 pies y de un pasillo que mide 4 pies por 12 pies. ¿Cuál es el área total que debe cubrir? Explica.

____

____

____

____

Nombre ______________________ Fecha __________

Transformar plantillas bidimensionales en figuras tridimensionales

1. Recorta, pliega y pega con cinta adhesiva cada plantilla para hacer tres pirámides congruentes.
2. Trata de unir las tres pirámides para hacer un cubo. Es posible. ¡Intenta descubrir cómo!
3. Si el volumen del cubo es aproximadamente 3 $pulg^3$, ¿cuál es el volumen de una de las pirámides?

____

A A

A A

A A

Describir figuras tridimensionales

1. Recorta la plantilla y arma la figura tridimensional.

2. Completa la tabla y los enunciados.

Caras	
Vértices	
Aristas	

C + V = _____

C + V − A = _____

Preparación para las pruebas

3. Escribe dos números primos distintos.
Explica cómo sabes que los números son primos.

____

____

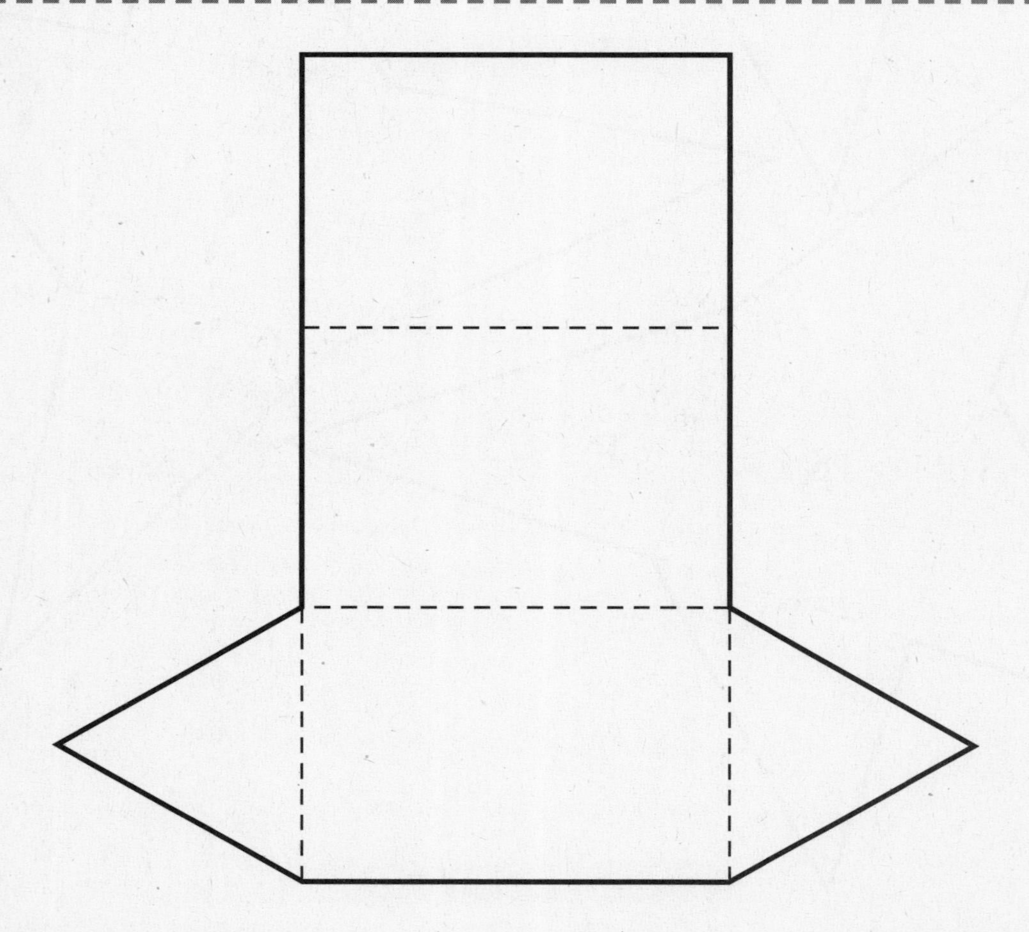

Nombre ______________________ Fecha __________

Clasificar figuras tridimensionales

1. Recorta cada plantilla y pliégala a lo largo de las líneas punteadas para hacer una figura tridimensional.

2. Une las dos figuras (une dos caras congruentes, una de cada figura) para hacer una nueva figura.

Observa qué figuras tridimensionales puedes hacer.

¿De cuántas maneras puedes combinarlas para hacer un prisma?
¿De cuántas maneras puedes combinarlas para hacer una pirámide?

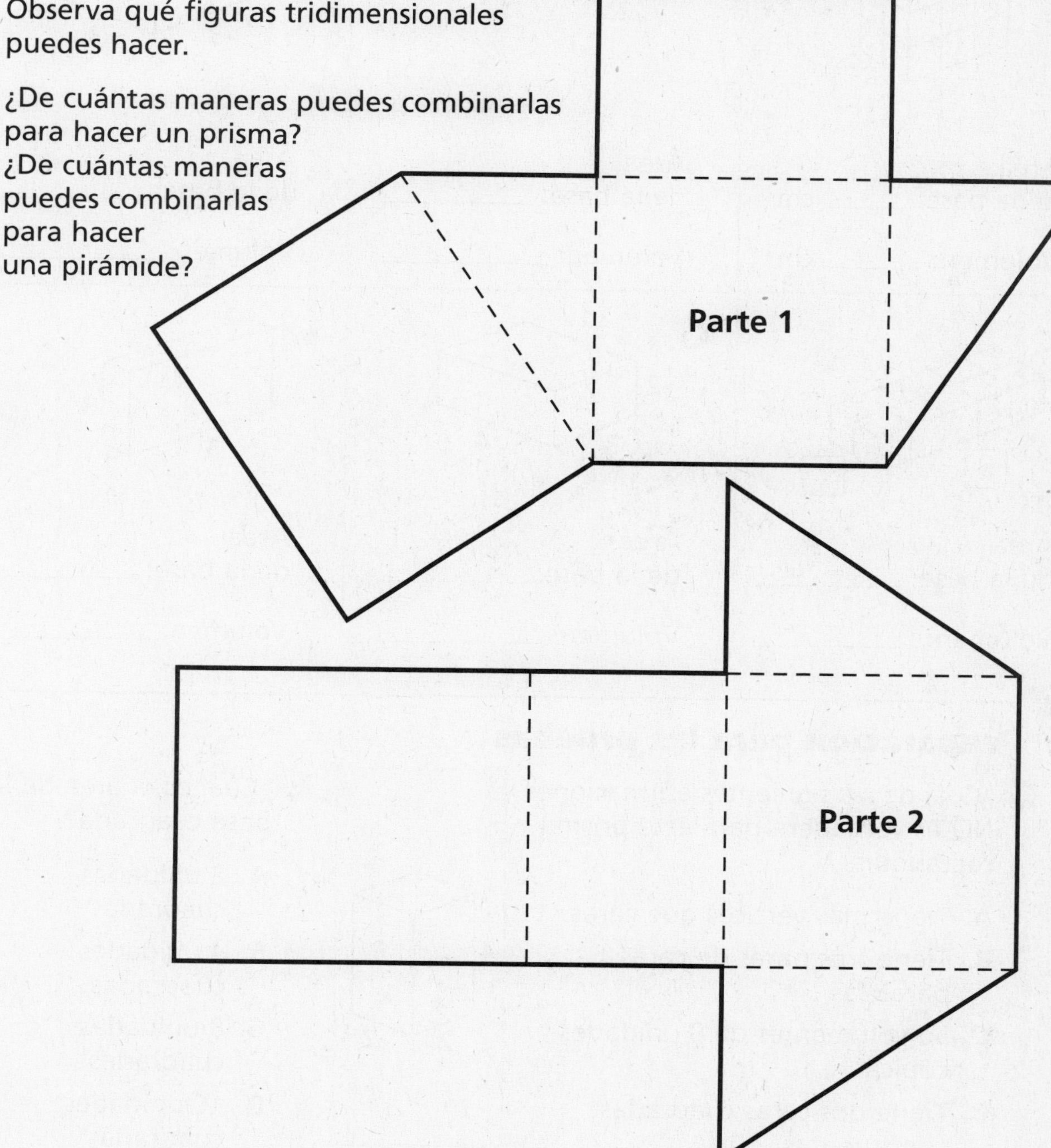

Nombre ______________________________ Fecha ____________

Práctica
Lección 4

Volumen de prismas rectangulares

Halla el área de la base y el volumen de cada uno de estos prismas rectangulares construidos con cubos de un centímetro.

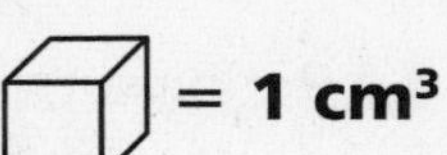

1

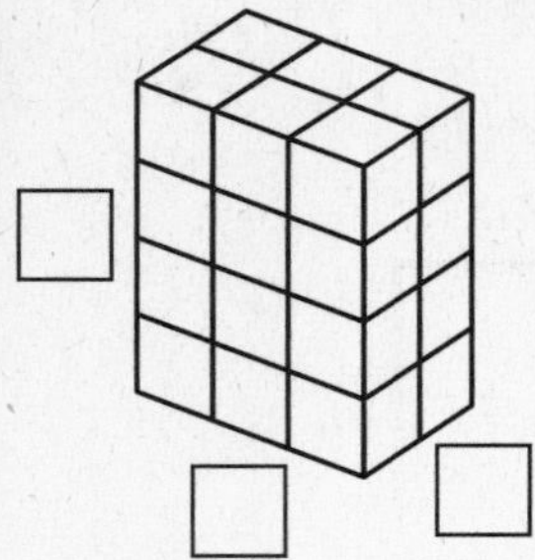

Área de la base: ______ cm^2

Volumen: ______ cm^3

2

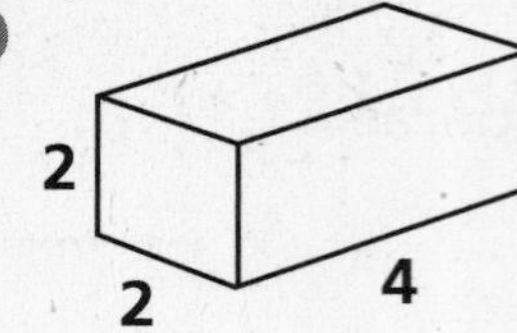

Área de la base: __________

Volumen: __________

3

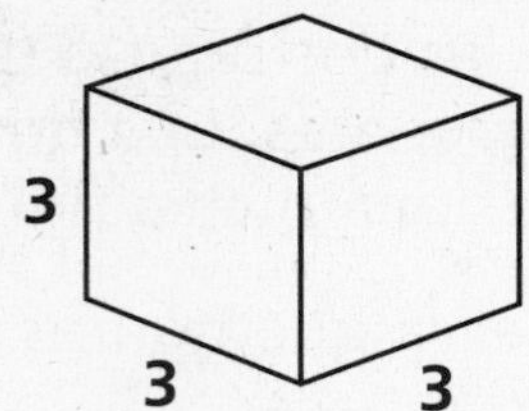

Área de la base: __________

Volumen: __________

4

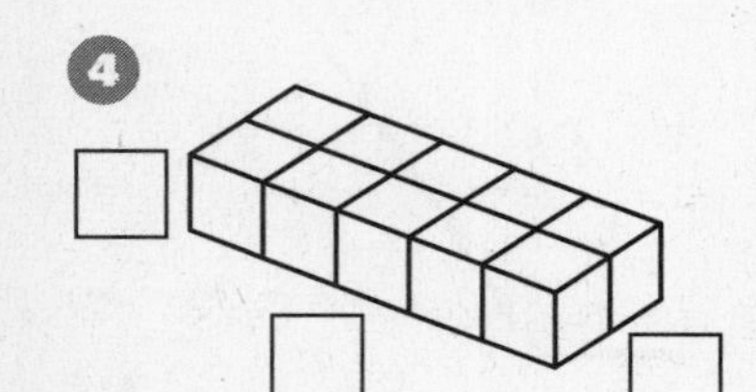

Área de la base: __________

Volumen: __________

5

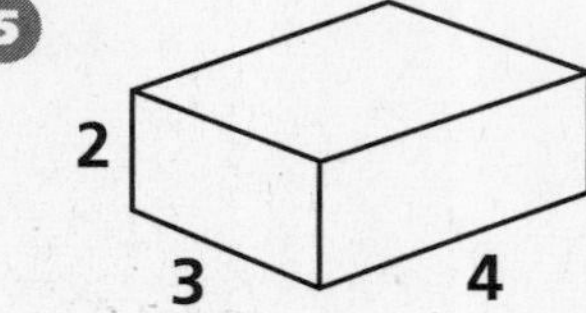

Área de la base: __________

Volumen: __________

6

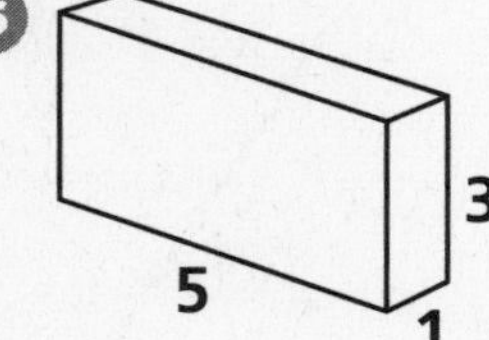

Área de la base: __________

Volumen: __________

Preparación para las pruebas

7 ¿Cuál de las siguientes afirmaciones NO es verdadera para este prisma rectangular?

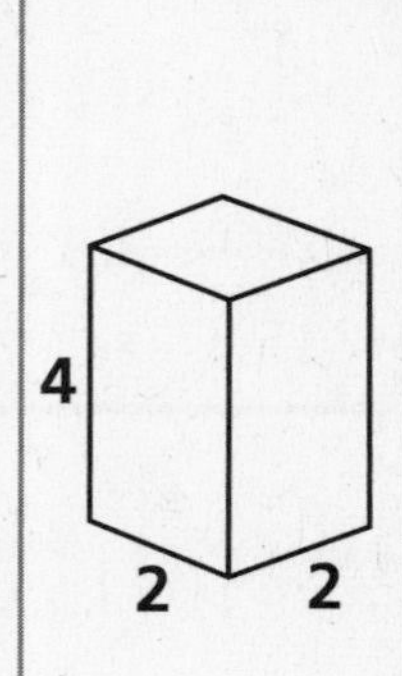

A. Tiene más vértices que caras.

B. Tiene tres pares de caras paralelas.

C. Su volumen es de 8 unidades cúbicas.

D. Tiene dos caras cuadradas congruentes.

8 ¿Cuál es el área de la base cuadrada?

A. 2 unidades cuadradas

B. 4 unidades cuadradas

C. 8 unidades cuadradas

D. 16 unidades cuadradas

Nombre ____________________ Fecha __________

Volumen de prismas

Cada diagrama muestra la base de un prisma triangular. Usa las dimensiones para calcular el volumen.

1.

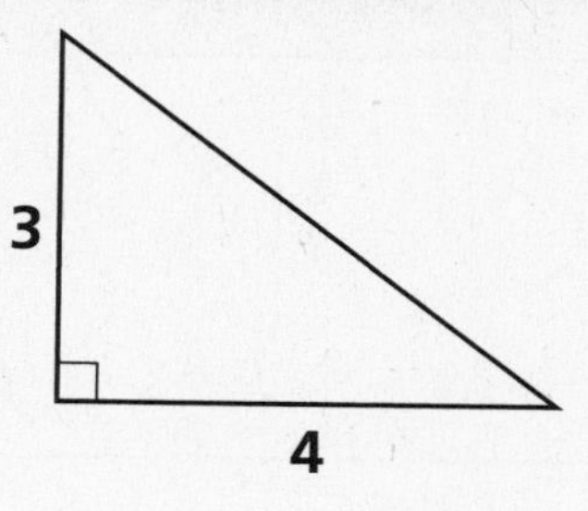

Altura del prisma: 5

Volumen: ______ unidades cúbicas

2.

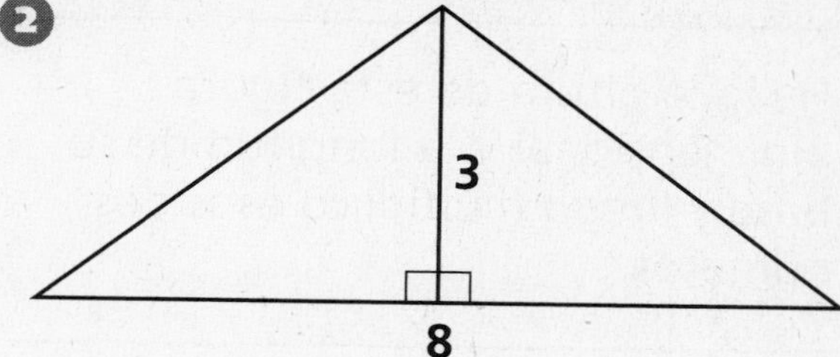

Altura del prisma: 4

Volumen: ____________________

3.

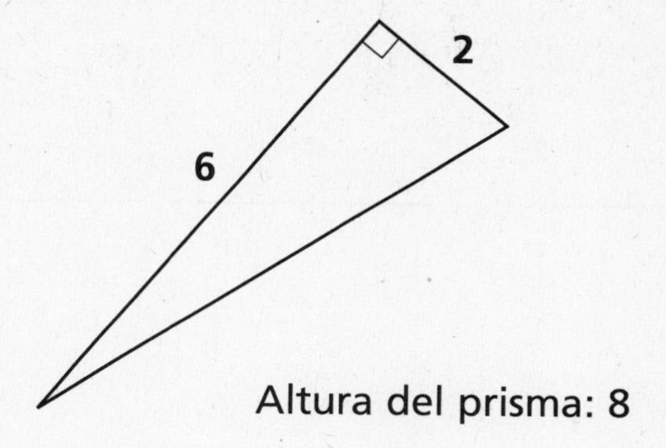

Altura del prisma: 8

Volumen: ____________________

4.

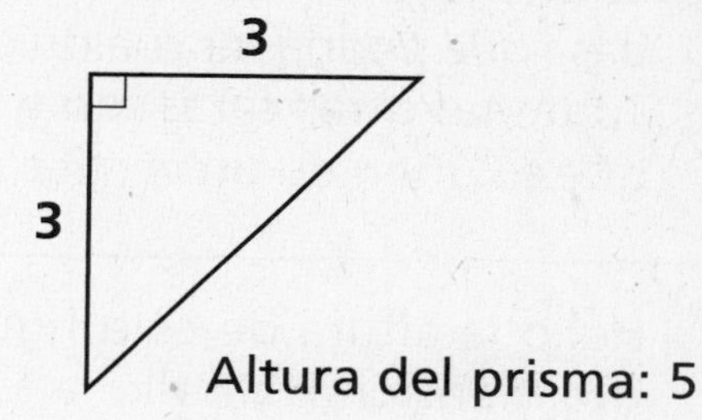

Altura del prisma: 5

Volumen: ____________________

Preparación para las pruebas

La altura de un prisma triangular es 10 cm. Su base triangular tiene una altura de 4 cm y una longitud de 6 cm.

5. Cuál es el área de la base?

A. 12 cm^2
B. 12 cm^3
C. 24 cm^2
D. 24 cm^3

6. ¿Cuál es el volumen del prisma?

A. 240 cm^2
B. 240 cm^3
C. 120 cm^2
D. 120 cm^3

Nombre ______________________ Fecha __________

Áreas de plantillas

Se dan las respuestas. Escribe las preguntas que correspondan.

Respuestas	Preguntas
1. Hallo la altura de esta figura bidimensional y la longitud de su base y luego multiplico esos dos números.	
2. Hallo las áreas de todas las caras y luego las sumo.	
3. Es una figura tridimensional con una base que podría ser cualquier polígono. Todas las otras caras son triángulos que se unen en un vértice común.	
4. Hallo la altura de esta figura tridimensional y hallo la longitud y el ancho de la base rectangular. Multiplico esos tres números.	
5. Mido la base y la altura de esta figura bidimensional, multiplico esos dos números y luego le resto la mitad al resultado.	

Preparación para las pruebas

6. ¿Cuántas aristas tiene un prisma rectangular? Explica qué es una arista de un prisma.

____

____

Nombre ______________________ Fecha ____________

Práctica
Lección 7

Área total de la superficie de poliedros

Resuelve los problemas.

Espacio de trabajo

1. ☑ Soy un prisma rectangular.
   ☑ Mi volumen es 39 cm^3.
   ☑ Mis dimensiones más cortas son 2 cm y 3 cm.

   ¿Cuál es mi dimensión más larga? ____________

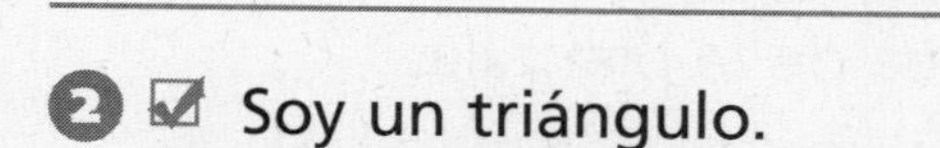

2. ☑ Soy un triángulo.
   ☑ Un paralelogramo cuyas base y altura son iguales que las mías tiene un área de 9 $pulg^2$.

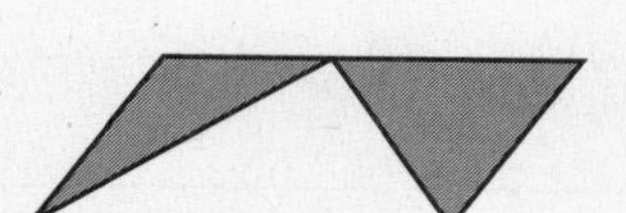

   ¿Cuál es mi área? ____________

3. ☑ Soy un prisma triangular.
   ☑ Mi volumen es 24 cm^3.
   ☑ El área total de mi superficie es 60 cm^2.
   ☑ Mi altura es 4 cm.
   ☑ Estoy cortado en dos prismas triangulares congruentes, cada uno de 2 cm de alto.

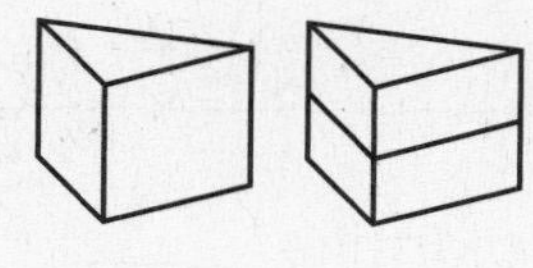

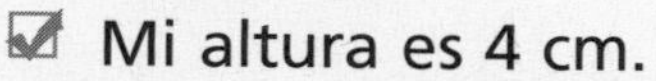

   ¿Cuál es el volumen de cada uno de ellos? ____________

4. ☑ Soy un trapecio.
   ☑ Mi área es 5 cm^2.
   ☑ Las longitudes de mis bases son 1 cm y 3 cm.

   ¿Cuál es mi altura? ____________

Preparación para las pruebas

5. Mabel dibujó este trapecio.

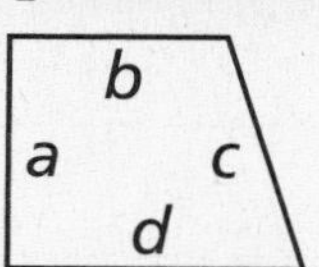

¿Qué dos segmentos parecen paralelos?

A. *a* y *b*
B. *a* y *c*
C. *a* y *d*
D. *b* y *d*

Nombre ______________________________ Fecha ____________

Comparar el volumen y el área total de la superficie

Usa la Hoja de actividades 110: Plantilla J como ayuda para completar esta página.

1. ¿Cuál es el área de la Plantilla J? ____________

2. Explica por qué el área total de la superficie de la figura tridimensional que se forma con esta plantilla debería ser igual que el área de la plantilla.

   ____

   ____

3. ¿Cuántas caras tiene la plantilla? ______

4. Explica por qué el número de caras de la figura tridimensional será el mismo que el número de caras de la plantilla.

   ____

5. ¿Cuántas aristas tiene la plantilla? ______

6. Explica por qué el número de aristas de la figura tridimensional *no* será igual que el número de aristas de la plantilla.

   ____

   ____

   ____

7. ¿Cuántos vértices hay en la plantilla? ______

8. Explica por qué el número de vértices de la figura tridimensional *no* será igual que el número de vértices de la plantilla.

   ____

   ____

   ____

NOTA: Puedes recortar la plantilla y construir la figura tridimensional como ayuda para responder las preguntas de arriba.

Nombre ______________________ Fecha ____________

Práctica
Lección 1

Introducción a los móviles

Escribe *sí* o *no* en cada brazo del móvil para mostrar si está balanceado. Escribe los pesos totales.

1 Peso total: _____

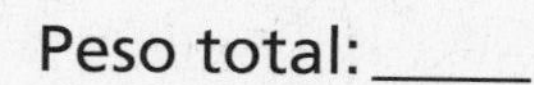

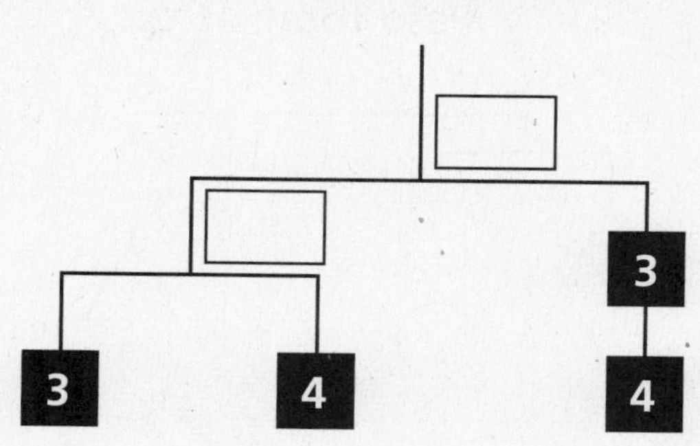

2 Peso total: _____

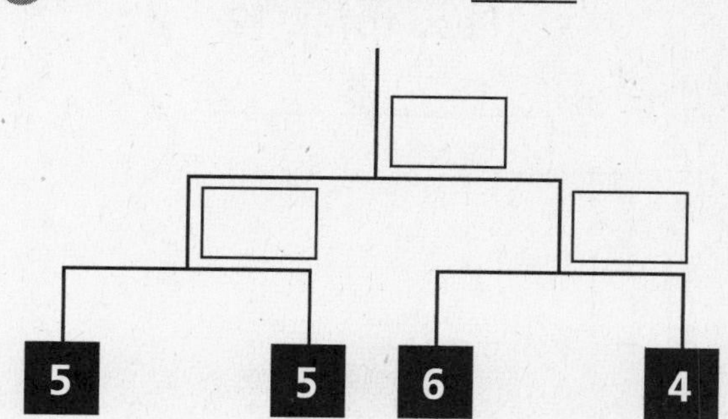

3 Peso total: _____

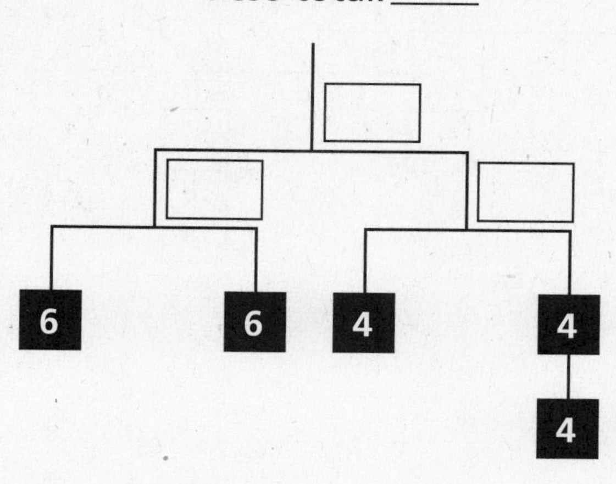

4 Peso total: _____

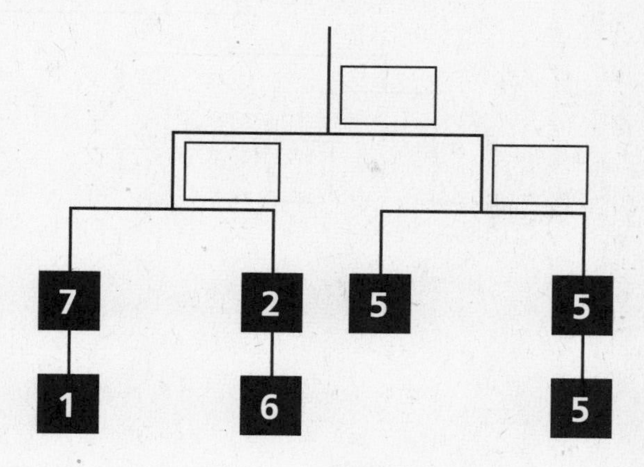

Preparación para las pruebas

5 ¿Qué grupo muestra números equivalentes?

A. $\frac{5}{2}$, $2\frac{5}{10}$, $2\frac{1}{2}$, 2.05

B. $3\frac{1}{5}$, $3\frac{5}{25}$, 3.2, $\frac{16}{5}$

C. $1\frac{2}{3}$, $1\frac{6}{9}$, 1.23, $\frac{15}{9}$

D. 4.025, $4\frac{25}{100}$, $\frac{17}{4}$, $4\frac{1}{4}$

Nombre ______________________ Fecha ____________

Balanceo de móviles

¡Martina hace móviles que balancean perfectamente! Halla el peso de cada figura de estos móviles para que todos estén balanceados.

1. Peso total: 12

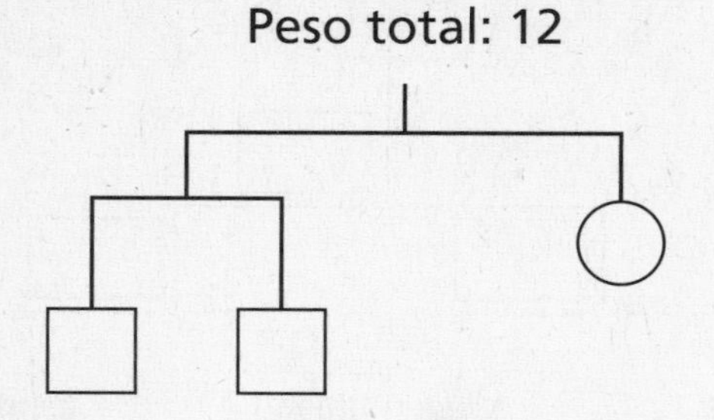

□ = ____ ○ = ____

2. Peso total: 16

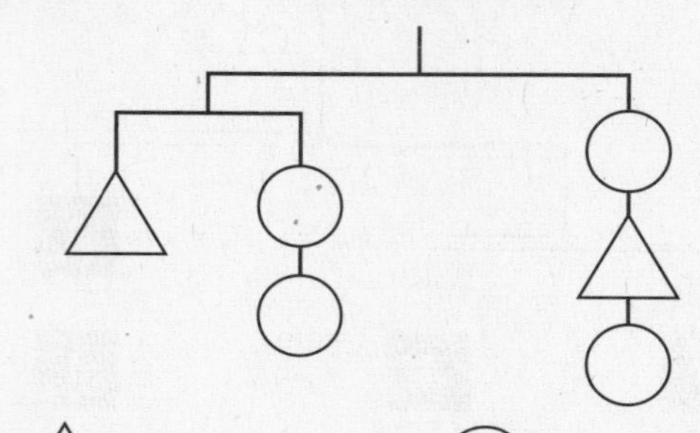

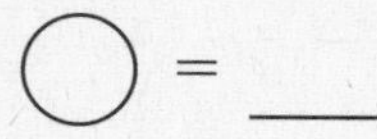

△ = ____ ○ = ____

3. Peso total: 40

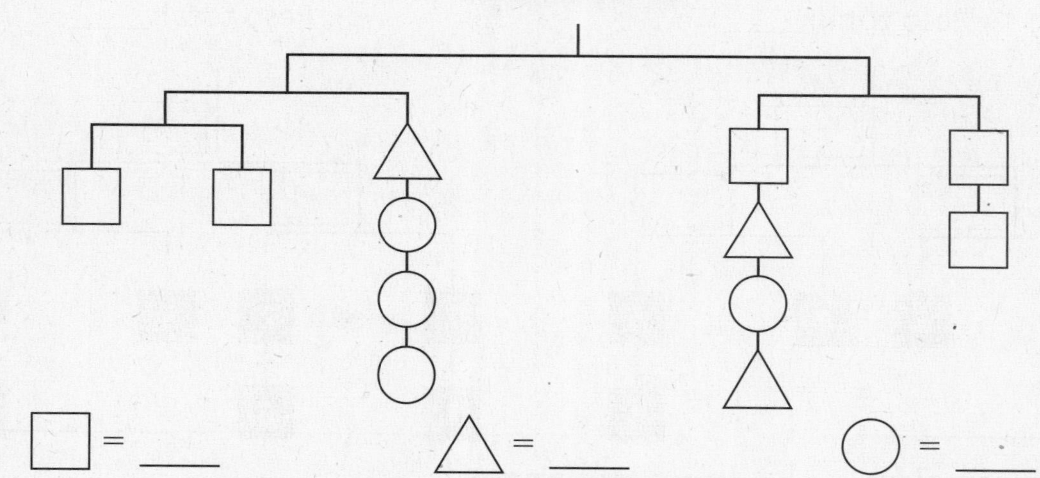

□ = ____ △ = ____ ○ = ____

Preparación para las pruebas

4. Suki gana la misma cantidad de dinero *(x)* cada día de semana por hacer las tareas de la casa. Si hace sus tareas cada día sin olvidarse, recibe una cantidad extra *(y)* cuando cobra. ¿Qué expresión muestra cuánto puede ganar en una semana?

A. $7x + 7y$
B. $7x + y$
C. $5x - y$
D. $5x + y$

Nombre ______________________ Fecha ____________

Ecuaciones para móviles

Encierra en un círculo las ecuaciones que se corresponden con cada móvil. Luego escribe el peso de cada figura.

△ peso = T ♡ peso = CO
○ peso = CI □ peso = CU

1 Peso total: 24

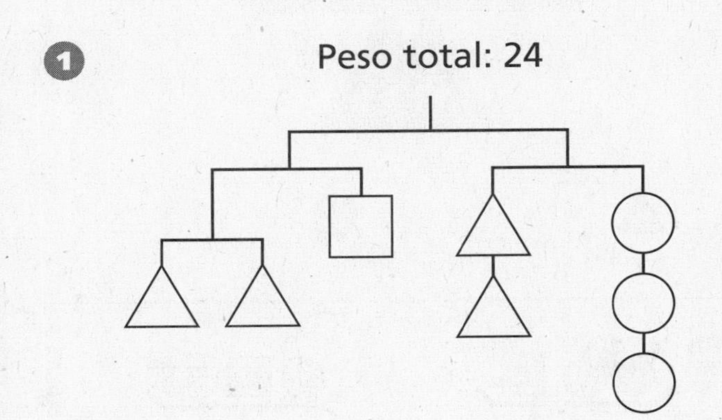

$2T = CU$ $2CI = T$

$3CI = CU$ $2T + CU = 3CI$

△ = ______ ○ = ______

□ = ______

2 Peso total: 40

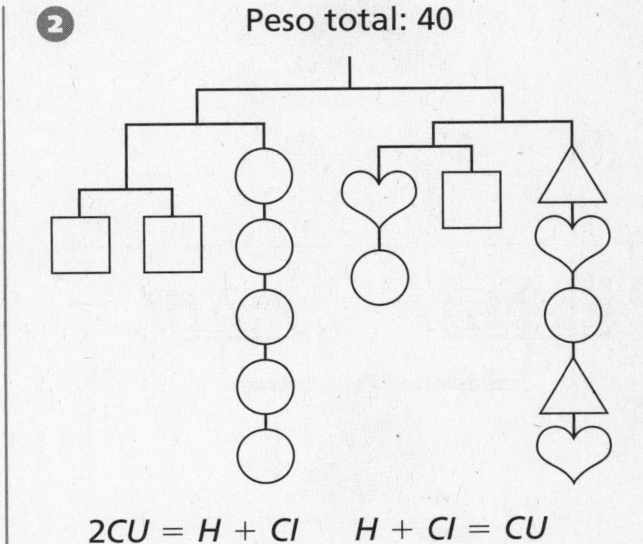

$2CU = H + CI$ $H + CI = CU$

$CU = 2T + H$ $2CI + 2H = 2CU$

□ = ______ ♡ = ______

○ = ______ △ = ______

Preparación para las pruebas

3 ¿Qué punto está rotulado incorrectamente en la recta numérica? ¿Cuál es el rótulo correcto para este punto? Explica cómo lo sabes.

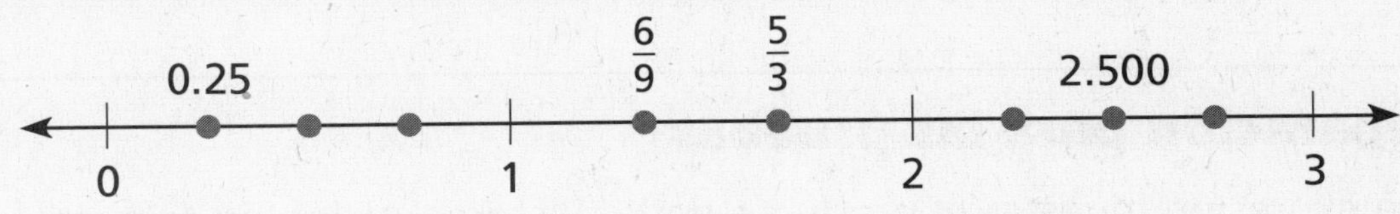

____

____

Nombre ______________________________ Fecha ____________

Práctica
Lección 4

Problemas en la balanza

Resuelve estos problemas en la balanza

1

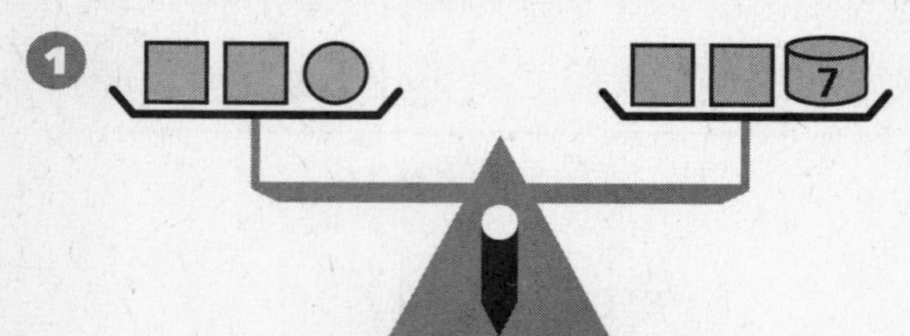

□ = 3 ○ = ____

2

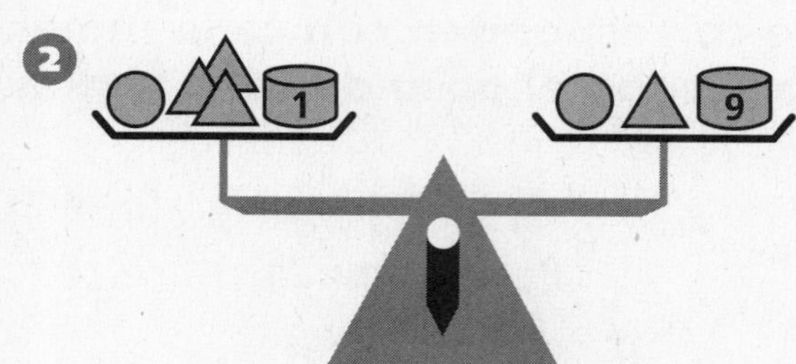

△ = ____ ○ = 1

3

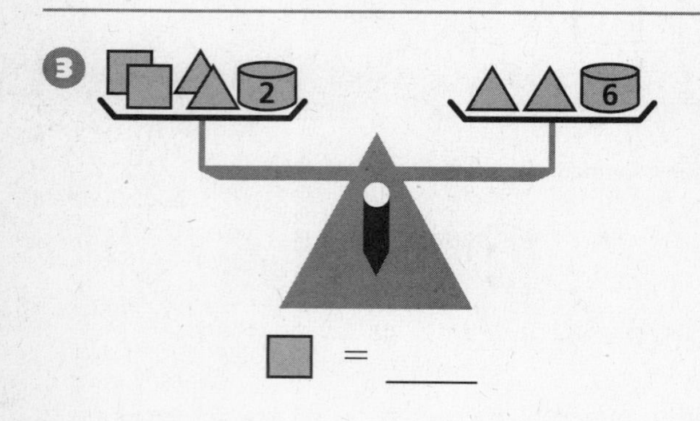

□ = ____

4

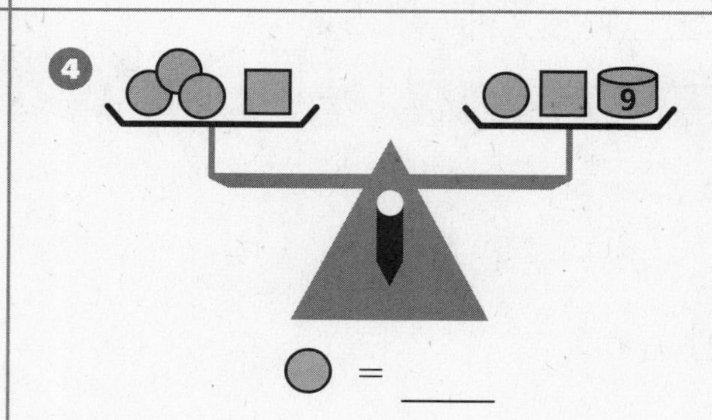

○ = ____

5 Escribe una ecuación para este problema. Usa ***t*** para el triángulo, ***ci*** para el círculo y ***cu*** para el cuadrado.

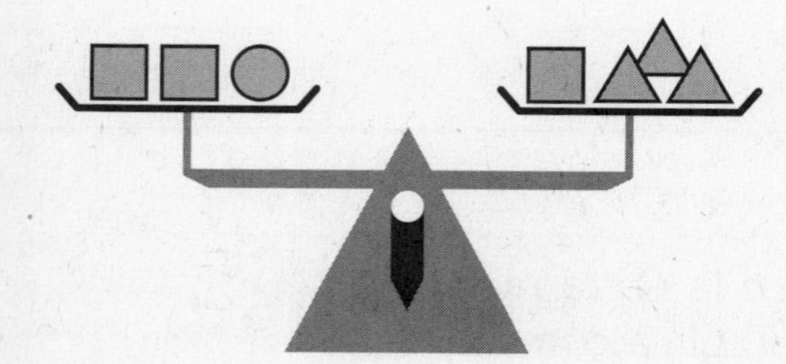

____

Preparación para las pruebas

6 ¿Qué expresión muestra el producto de la descomposición en factores primos de 80?

A. $2 \times 2 \times 4 \times 5$

B. $2 \times 2 \times 3 \times 5$

C. $2 \times 2 \times 2 \times 5$

D. $2 \times 2 \times 2 \times 2 \times 5$

Nombre ______________________ Fecha __________

Trucos con números

Maxie inventó este truco con números.

1. Completa la tabla, eligiendo un número inicial para ti.

Palabras	Diagrama	Forma abreviada	Número
Elige un número.		*N*	
Duplícalo			
Súmale 7.			
Multiplícalo por 3.			
Réstale 11.			
Divídelo entre 2.			

2. Barry dijo que su resultado final fue 26. Halla su número inicial y explica cómo lo hallaste.

____

____

____

Preparación para las pruebas

3. Carlos practica piano 35 minutos por día. ¿Cuánto tiempo pasará practicando durante los 31 días de mayo? Explica cómo hallaste tu respuesta.

____

____

Nombre ______________________________ Fecha ____________

Hacer diagramas

Une la situación con el diagrama que la ilustra.

1. ¡Steven tiene zancos con los que parece 4 pies más alto de lo que realmente es!

2. Las cajas de galletas de limón de Lovitt contienen cuatro filas de galletas. En una caja hay 100 galletas.

3. Un campo de fútbol americano tiene 100 yardas de largo y muchas yardas de ancho.

4. Pavarti caminó 100 yardas por un camino recto, se detuvo para acariciar a un gato, luego caminó un poco más.

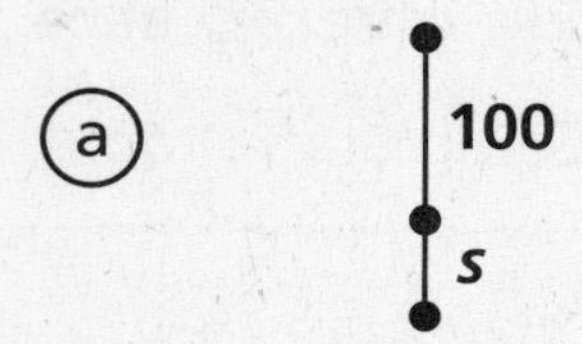

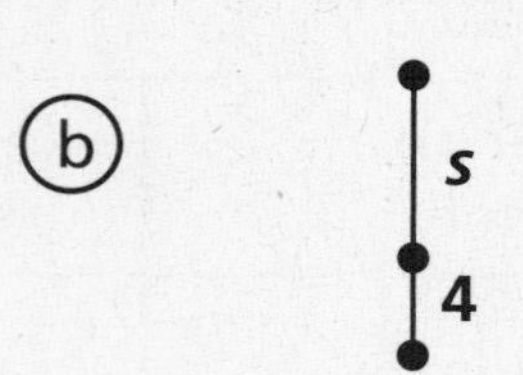

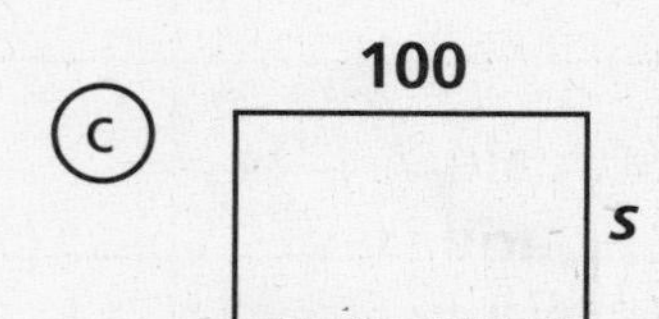

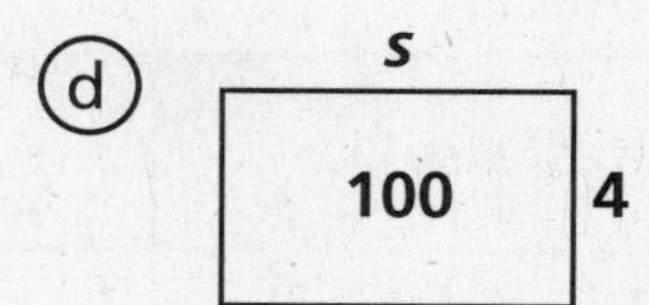

---

5. Dibuja un diagrama que ilustre esta situación.

   A Karl le gusta el bowling. Él recuerda que una cancha mide 42 pulgadas de ancho, pero no recuerda cuánto mide de largo.

Preparación para las pruebas

6. Edmund tiene 5 años más que Felicia y 6 años más que Gil. Si E representa la edad de Edmund, F representa la edad de Felicia y G representa la edad de Gil, ¿cuál de las siguientes ecuaciones NO es verdadera?

   A. $E = G + 6$

   B. $F = G + 1$

   C. $G = E - 6$

   D. $F = E + 5$

Nombre ______________________ Fecha ____________

Cuentos con ecuaciones

Jackie fue a la tienda de mascotas para ver las iguanas y los pájaros.

1. Descubrió que todos los animales juntos tenían 24 patas. Completa la tabla para mostrar las posibles combinaciones de pájaros e iguanas.

Pájaros	0						
Iguanas							

2. Si también hay 18 ojos, ¿cuántos había de cada animal? ____________

Otro día, había *P* pájaros e *I* iguanas.

3. Escribe una ecuación que represente la cantidad de ojos, *O*, para los pájaros y las iguanas. ____________

4. Escribe una ecuación que represente el número de patas, *P*. ____________

Preparación para las pruebas

5. Este prisma rectangular está formado por cubos de 1 cm. ¿Cuál es su volumen? Explica cómo hallaste el volumen.

____

____

____

____

Nombre ______________________ Fecha ____________

Experimentar con la probabilidad

En la tabla, se muestran los resultados de girar una flecha giratoria de colores desiguales.

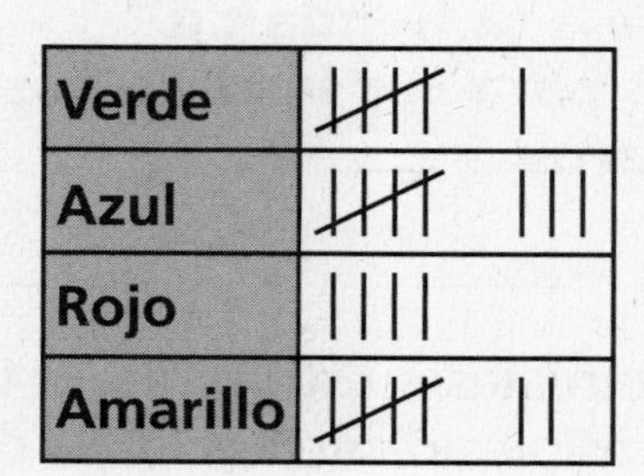

Verde	卌 |
Azul	卌 |||
Rojo	||||
Amarillo	卌 ||

1. ¿Cuáles son los resultados posibles? ______________________

2. ¿Cuántos giros se hicieron? ______

3. Basándote en este experimento, escribe fracciones para describir la probabilidad de que la flecha se detenga en:

   Verde ______ **Azul** ______ **Rojo** ______ **Amarillo** ______

4. Escribe una fracción (basándote en estos resultados) para mostrar la probabilidad de que la flecha se detenga en azul O rojo. ______

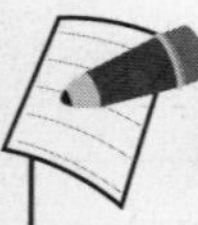

Preparación para las pruebas

5. La fórmula, o regla, *volumen* $= \frac{1}{2} \times$ (*longitud de la base 1* + *longitud de la base 2*) $\times$ *altura* describe el proceso para hallar:

   A. el volumen de un prisma
   B. el área de un triángulo
   C. el área de un trapecio
   D. el volumen de una pirámide

6. ¿Cuál es el área de este triángulo?

   A. 6 m^2
   B. 7.5 m^2
   C. 12 m^2
   D. 15 m^2

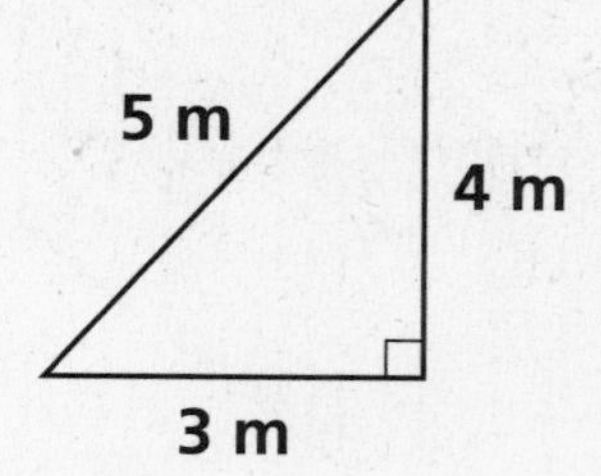

Nombre ______________________ Fecha ____________

Práctica
Lección 2

Hallar probabilidades

Lena y cuatro de sus amigas sacaron, cada una, una carta del mazo al azar 20 veces. En la tabla, se muestran los resultados.

2	4	6	8	10	12	14	16	18	20

Resultados de sacar las cartas

ENSAYO	1	2	3	4	5	6	7	8	9	10	11	12	13	14	15	16	17	18	19	20
Número de la carta	10	6	8	12	20	16	14	20	2	8	6	16	20	14	10	4	4	12	10	2
Número de la carta	18	4	8	2	10	14	8	14	16	12	2	18	16	20	4	15	14	12	2	10
Número de la carta	4	10	6	12	16	20	2	6	20	14	20	8	18	12	8	18	16	10	4	12
Número de la carta	14	12	2	20	10	2	18	6	18	10	18	4	12	14	4	8	16	6	18	8
Número de la carta	6	2	12	8	8	16	14	12	14	4	20	6	20	18	8	10	18	4	16	6

Enumera 4 sucesos posibles. Luego, usa la tabla de arriba para escribir una fracción que describa la probabilidad de cada uno de los sucesos.

	Suceso	Probabilidad experimental
1	Número par	$\frac{\quad}{100}$
2		
3		
4		

Preparación para las pruebas

5. Si tomas una carta del mazo de arriba, ¿cuál es la probabilidad de tomar una carta en la que la suma de los dígitos sea impar? Explica cómo lo sabes.

____

____

Nombre ______________________________ Fecha ______________

Experimentos de muestreo

Cinco personas hicieron un experimento de muestreo. Cada una tomó una tarjeta de una bolsa, anotó la figura dibujada en la tarjeta, volvió a poner la tarjeta en la bolsa y sacó otra vez.

En esta tabla, se muestran los datos que reunieron las 5 personas.

	Andrea	Bobby	Carrie	David	Elizabeth
▲	3	5	3	4	0
■	9	10	11	7	12
⏢	8	5	6	9	8

1. ¿Qué fracción de las figuras estimas que son ▲? ______

2. ¿Qué fracción de las figuras estimas que son ■? ______

3. ¿Qué fracción de las figuras estimas que son ⏢? ______

4. Si hay 100 figuras en la bolsa, ¿aproximadamente cuántas son . . .

   . . . ▲? ______   . . . ■? ______   . . . ⏢? ______

Preparación para las pruebas

5. Mira la flecha giratoria. ¿Qué enunciado es verdadero?

   A. Si giras 100 veces esta flecha, es probable que salga verde aproximadamente 75 veces.

   B. La probabilidad de que salga rojo O azul es la misma de que salga verde.

   C. Si sale verde 50 veces y giras 50 veces más, no es probable que salga verde otra vez.

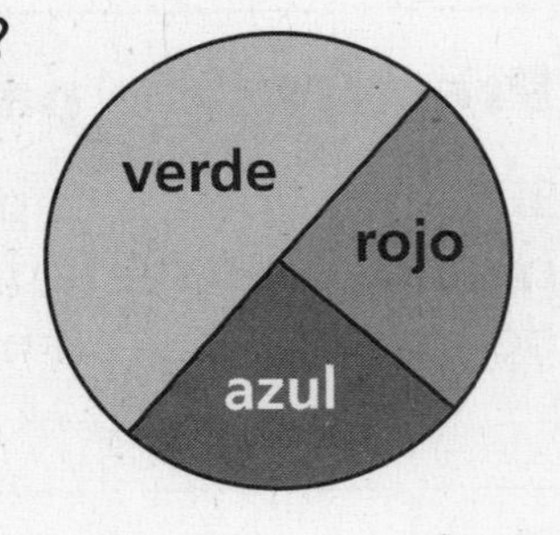

Nombre ______________________ Fecha __________

Práctica
Lección 4

Otro experimento de muestreo

La siguiente lista presenta una muestra al azar hecha sobre una población de 100 habitantes, todas personas de Littletown, que miraron el programa de TV A, B, C o N (ninguno) a las 8:00 un miércoles a la noche.

N, B, C, A, A, C, B, C, C, N, A, B, N, C, A, N, C, B, A, N

1. Anota la fracción de la muestra que miró cada programa.

Programa A: $\frac{\quad}{20}$ **Programa B:** ______

Programa C: ______ **N (ninguno):** ______

---

2. Usa los resultados experimentales del Problema 1 para predecir las fracciones de toda la población que miró cada programa.

Programa A: ______ **Programa B:** ______

Programa C: ______ **N (ninguno):** ______

Preparación para las pruebas

3. ¿Para cuál de las siguientes situaciones calcularías $\frac{3}{4} \times \frac{1}{2}$?

A. Un sándwich con $\frac{3}{4}$ de lb de jamón y $\frac{1}{2}$ de lb de queso suizo

B. Has viajado $\frac{1}{2}$ milla y todo el viaje es $\frac{3}{4}$ de milla.

C. Hay $\frac{3}{4}$ de una pizza en la mesa y 2 personas la comparten.

D. Ryan tiene $\frac{3}{4}$ de las canicas que tiene Jake. Yo tengo $\frac{1}{2}$ de las canicas que tiene Jake.

Nombre ______________________ Fecha __________

Introducción a los porcentajes

Haz diseños sombreando algunas de las centésimas. Anota la fracción y el porcentaje para la parte sombreada del cuadrado grande.

1. 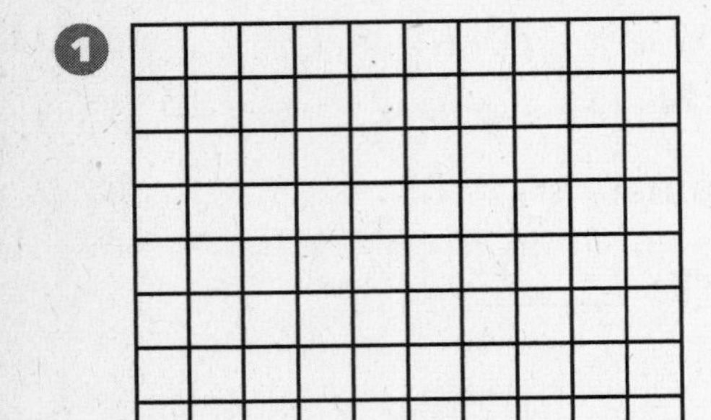

$\frac{\square}{100}$ = ______ %

2. 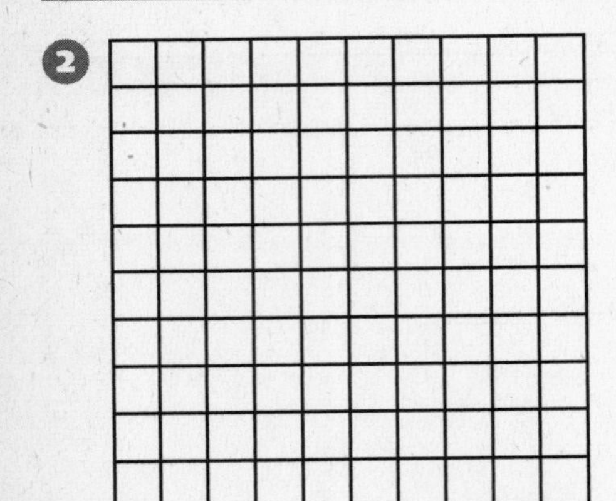

$\frac{\square}{100}$ = ______ %

Preparación para las pruebas

3. Uno de los puntos está mal rotulado en la recta numérica. ¿Qué punto es? Explica cómo sabes cuál debe ser el rótulo.

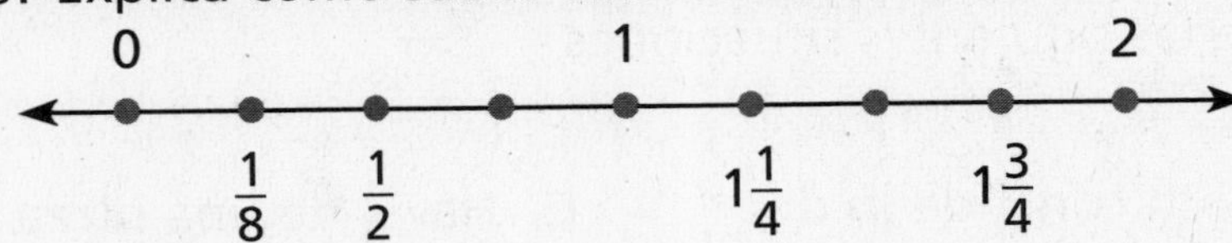

____

____

Nombre ________________________ Fecha ____________

Gráficas circulares

Se encuestaron sesenta estudiantes de quinto grado para saber cuáles son sus tipos de libros de lectura favoritos. En esta gráfica, se resumen los resultados.

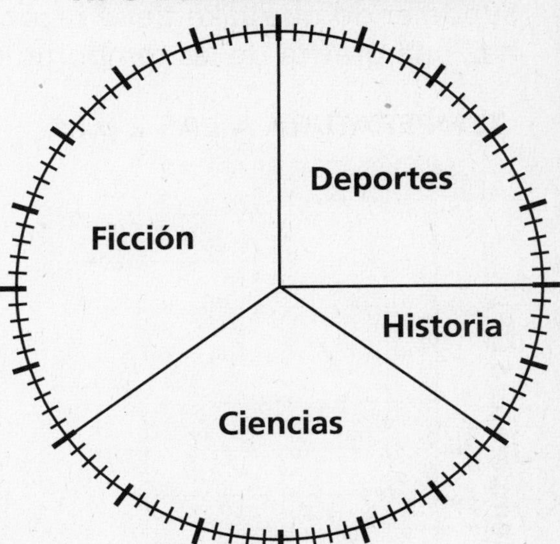

1. ¿Qué preferían leer más cantidad de estudiantes de quinto grado: deportes o ciencias?

   ____

2. ¿Verdadero o falso? Aproximadamente un tercio de los estudiantes de quinto grado eligieron ficción como material de lectura favorito.

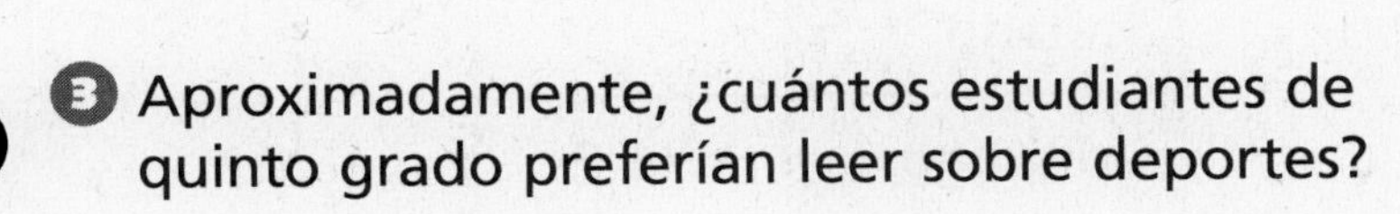

3. Aproximadamente, ¿cuántos estudiantes de quinto grado preferían leer sobre deportes?

   ____

4. Aproximadamente, ¿qué fracción de los estudiantes preferían leer sobre deportes o historia? ________________________

Preparación para las pruebas

5. ¿Cuál de las siguientes opciones NO es equivalente a $\frac{2}{8}$ de 360°?

   A. $\frac{1}{4} \times 90°$ **B.** 90° **C.** $\frac{4}{8} \times 180°$ **D.** $\frac{1}{4}$ de 360°

6. Chris preparó un conjunto de diez tarjetas para múltiplos de 2, del 2 al 20. Sacó una tarjeta del mazo al azar. ¿Cuál es la probabilidad de que haya sacado una tarjeta múltiplo de 3?

   A. $\frac{2}{10}$ **B.** $\frac{3}{10}$ **C.** $\frac{4}{10}$ **D.** $\frac{5}{10}$

Nombre ______________________ Fecha ____________

Graficar puntos

1. Jake mide la temperatura todos los días a las 2 p.m. El lunes, la temperatura era de 65°F. El jueves, la temperatura era de 69.5°F y el domingo, de 74°F. Jake dijo que la temperatura aumentó en cantidades constantes de un día a otro. Suponiendo que Jake tiene razón, completa la tabla y luego, haz una gráfica de las temperaturas de la semana.

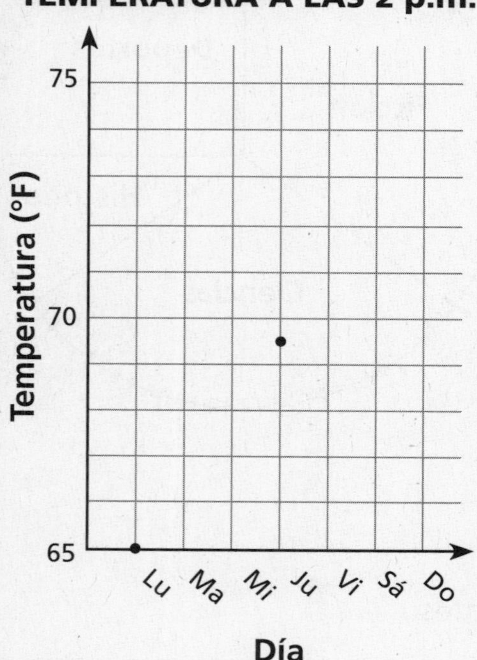

Lunes	65°F
Martes	
Miércoles	
Jueves	69.5°F
Viernes	
Sábado	
Domingo	74°F

Preparación para las pruebas

2. Kaylee sacó una canica de una bolsa. Se fijó en el color, la volvió a colocar en la bolsa y sacó otra canica. Después de hacer lo mismo diez veces, hizo esta tabla.

Color	Rojo	Blanco	Verde	Negro
Cantidad de canicas	3	1	2	4

En base a esos resultados, ¿cuál es la probabilidad experimental de sacar una canica negra de la bolsa?

A. $\frac{1}{2}$ **B.** $\frac{4}{5}$ **C.** $\frac{2}{5}$ **D.** $\frac{3}{10}$

Nombre ______________________ Fecha ____________

Práctica
Lección 2

Hacer gráficas de conversiones de capacidad

Completa las tablas de conversión y representa gráficamente los puntos.

1.

Cuartos	Galones
	1
	2
	4
12	

CONVERSIÓN ENTRE CUARTOS Y GALONES

Galones: 0 1 2 3 4 5 6 7 8 9

Cuartos: 0 1 2 3 4 5 6 7 8 9 10 11 12 13 14 15 16 17 18

2.

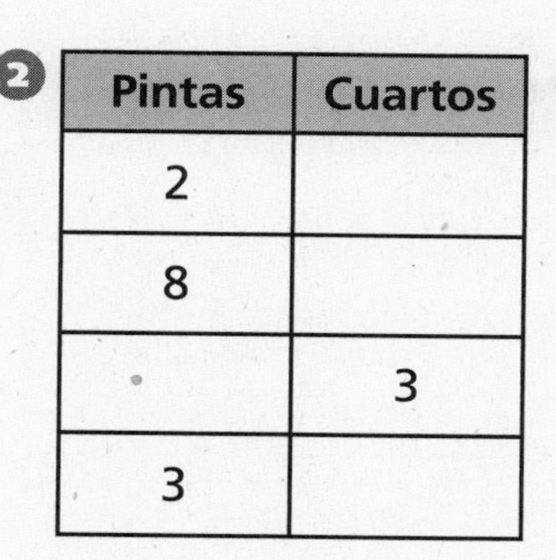

Pintas	Cuartos
2	
8	
	3
3	

CONVERSIÓN ENTRE PINTAS Y CUARTOS

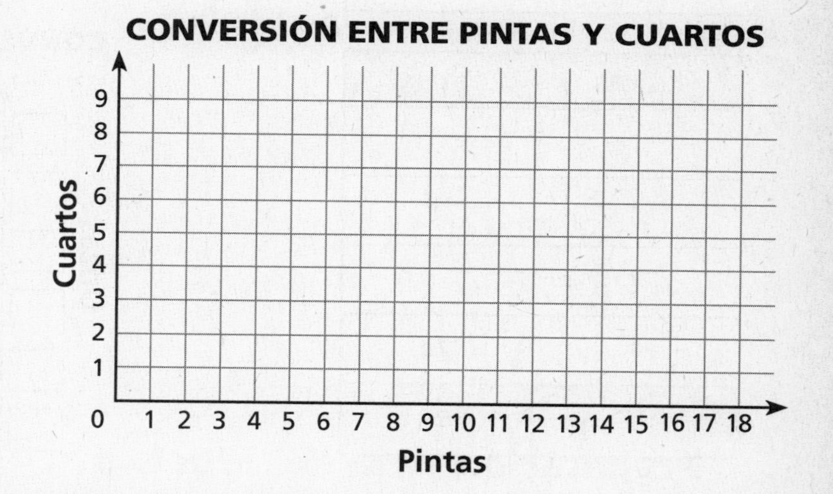

Preparación para las pruebas

3. El encargado de una tienda de ferretería quiere colocar guirnaldas de luces alrededor de la ventana. ¿Cuántos pies de guirnalda necesitará para cubrir los 4 lados de la ventana? Explica cómo hallaste la respuesta.

____

____

____

Nombre ______________________ Fecha __________

Práctica
Lección 3

Cambiar la escala de una gráfica

Completa las tablas y haz una gráfica para mostrar la conversión. Elige la escala adecuada y numera los ejes según esa escala.

1.

Kilogramos	Gramos
1	1,000
2	
	3,000
6	
	7,000
8	

CONVERSIÓN ENTRE KILOGRAMOS Y GRAMOS

Gramos

0

Kilogramos

2.

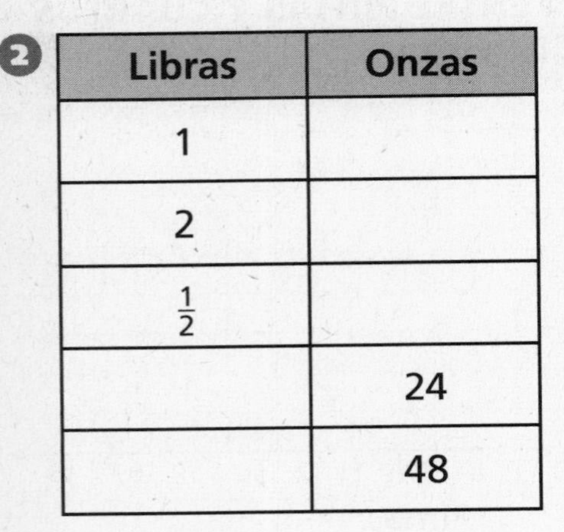

Libras	Onzas
1	
2	
$\frac{1}{2}$	
	24
	48

CONVERSIÓN ENTRE LIBRAS Y ONZAS

Preparación para las pruebas

3. Halla dos fracciones equivalentes a $\frac{3}{6}$ y explica cómo lo hiciste.

____

____

____

Nombre ______________________ Fecha __________

Representar gráficamente cambios a través del tiempo

Esta gráfica muestra la distancia que recorrió Tom en su paseo en bicicleta y cuánto tiempo tardó.

1. Completa la tabla.

Tiempo (en minutos)	Distancia (en millas)
10	
20	
	10
60	
	20
100	
	35

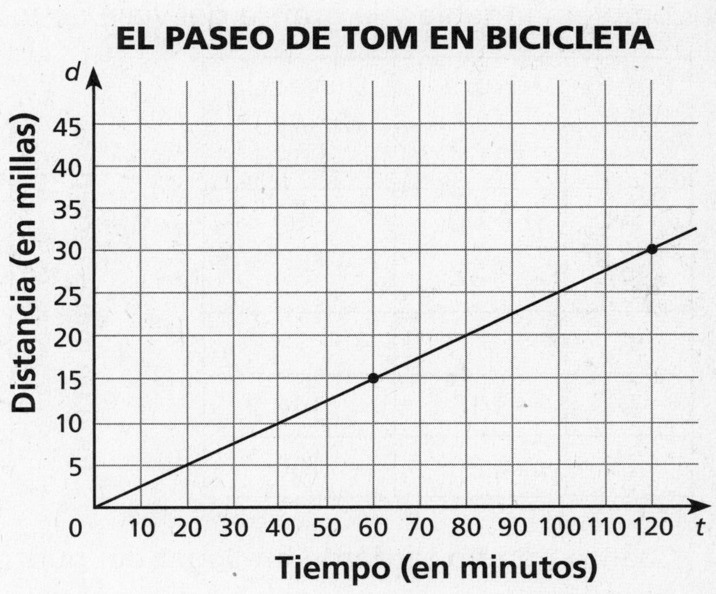

2. ¿A qué velocidad iba Tom? ______ millas por hora

3. Francesca tardó media hora en recorrer 5 millas. ¿Iba más rápido o más lento que Tom? ______________

4. ¿Cuánto tardará Francesca en recorrer 15 millas? ______________

Preparación para las pruebas

5. Una máquina fotocopiadora tarda 20 minutos en copiar 180 páginas. Esa cantidad de páginas representa $\frac{2}{5}$ de un trabajo grande. Explica cómo hallarías el total de tiempo necesario para imprimir todo el trabajo.

____

____

____

____

Nombre ______________________ Fecha __________

Representar gráficamente la historia de un viaje

La familia Callahan salió de viaje en su carro. Cambiaron de velocidad en 4 puntos de su recorrido, pero mantuvieron una velocidad constante entre un punto y el siguiente.

1. Completa la tabla y la gráfica del viaje de los Callahan.

Punto	Hora	Distancia desde la salida
A	1:00	0
B	1:45	
C		
D	3:15	140
E	4:00	160

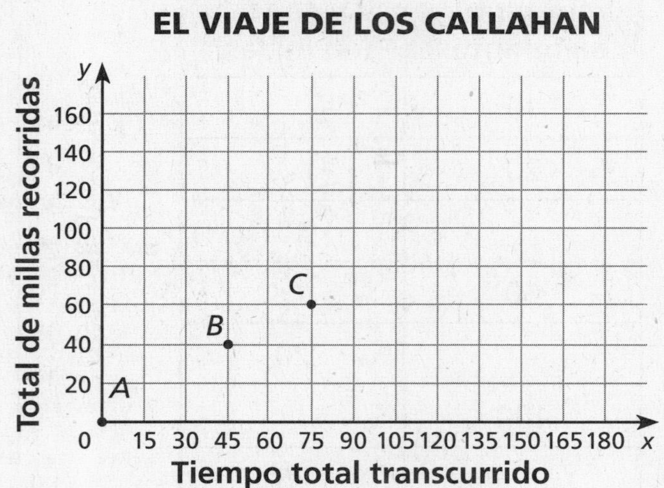

2. ¿Cuánto tiempo tardaron en llegar del punto *C* al punto *E*?

____

3. ¿Viajaron más rápido desde el punto *B* hasta el punto *C*, desde el punto *C* hasta el punto *D*? Explica cómo lo sabes.

____

Preparación para las pruebas

4. Cada una de las mesas de un restaurante tiene capacidad para 4 personas. Cuando el restaurante está completo, caben 152 personas. ¿Cuántas personas hay en el restaurante si la mitad de las mesas están completas y la otra mitad están ocupadas por 2 personas? Explica cómo hallaste la respuesta.

____

____

____

____

Nombre ______________________ Fecha ____________

Hacer gráficas de conversiones de temperatura

1. Usa la siguiente tabla para hacer una gráfica que muestre cómo cambió la temperatura durante el día.

Hora	12:00	1:00	3:00	5:00	8:00
Temperatura	4°C	3°C	1°C	⁻1°C	⁻4°C

2. Si la temperatura sigue el mismo patrón, ¿cuál será la temperatura a las 9:00 p.m.? ______

Preparación para las pruebas

3. Matt encendió el horno. Diez minutos después, la temperatura del horno había aumentado 113°F y marcaba 181°F. ¿Cuál era la temperatura del horno antes de que Matt lo encendiera?

A. 72°F **C.** 294°F
B. 78°F **D.** 68°F

4. ¿Cuál podría ser la regla para calcular el número *N* de este patrón?

⁻3, ⁻1, 1, 3, 5

A. $N - 4$ **C.** $2N - 5$
B. $N - 3$ **D.** $3N - 6$